北极狐四季养殖新技术

主　编
顾绍发

编著者
顾艳秋　吴　萍
徐长青　魏本连

金盾出版社

内 容 提 要

本书由江苏省连云港市赣榆县毛皮动物研究所顾绍发所长主编。作者在长期饲养北极狐的实践中，积累了丰富的经验。主要内容：养狐业的发展概述，北极狐的生物学特性，狐场的建设，北极狐的繁殖技术，北极狐的四季饲养与管理，北极狐皮的构造与初加工，北极狐的疾病防治。文字通俗易懂，内容丰富实用，科学性、可操作性强，适合养狐场员工、养狐专业户、毛皮加工者和相关技术人员阅读参考。

图书在版编目(CIP)数据

北极狐四季养殖新技术/顾绍发主编. —北京：金盾出版社，2007.3

ISBN 978-7-5082-4443-3

Ⅰ.北… Ⅱ.顾… Ⅲ.狐-饲养管理-新技术 Ⅳ.S865.2

中国版本图书馆 CIP 数据核字(2007)第 004669 号

金盾出版社出版、总发行

北京太平路 5 号(地铁万寿路站往南)

邮政编码：100036 电话：68214039 83219215

传真：68276683 网址：www.jdcbs.cn

彩色印刷：北京精美彩印有限公司

黑白印刷：北京金盾印刷厂

装订：东杨庄装订厂

各地新华书店经销

开本：787×1092 1/32 印张：5.875 彩页：4 字数：125 千字

2007 年 3 月第 1 版第 1 次印刷

印数：1—11000 册 定价：7.50 元

自然交配、射精

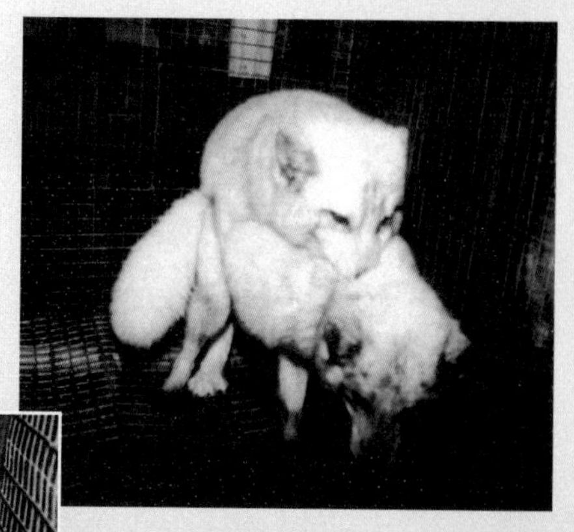

锁 结

怀孕中期的母狐

临产母狐

绞肉机

玉米膨化机

运料车

水泥制品产仔箱

产仔箱

四月龄小狐

五月龄青年白狐

母狐哺乳图

剥 皮

挑 挡

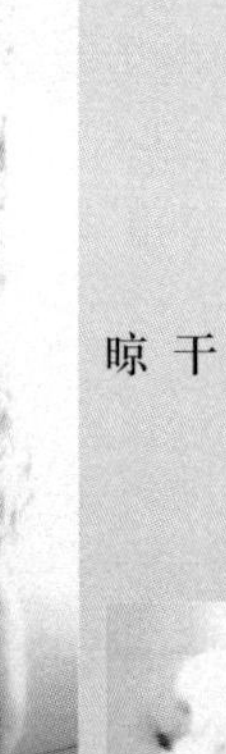

晾 干

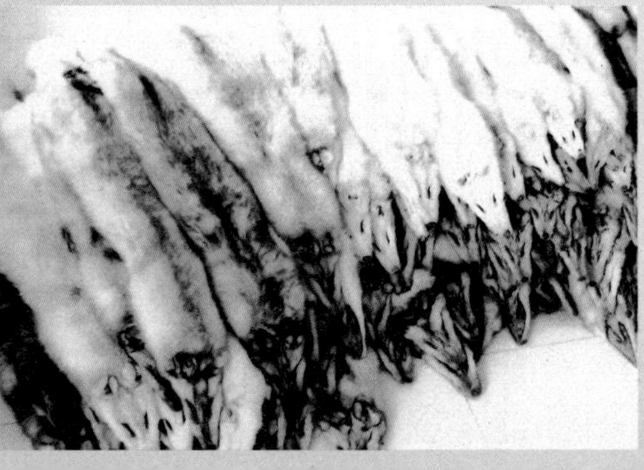

库存狐皮

前　言

养狐在我国是一项新兴的养殖业。北极狐是一种性情温驯、适应性强、繁殖率高的珍贵毛皮动物，适宜农村庭院小规模养殖，也宜建场大规模养殖。狐皮具有毛绒细柔丰厚、色泽美观、皮板轻便、保暖性强等特点，用狐皮制作的各种商品，价格坚挺，畅销不衰，深受国内外消费者的青睐。近年来，我国养狐业正以庭院经济为特色的小规模养殖向规模化、产业化方向健康发展，并获得了较高的经济效益和良好的社会效益。

为了使养狐者更好地掌握新的养狐技术，加快养狐业进步，推动我国养狐业的发展，笔者在江苏省赣榆县毛皮动物研究所20多年的养狐实践经验和最新科研成果的基础上，借鉴国内外同行先进技术，吸收最新的动物营养调控理论，编写了这本小册子。本书从养狐实际需要出发，全面地介绍了北极狐的生理特性、繁殖技术、饲养管理、疾病防治及狐皮初加工等方面的知识。供广大养狐者及畜牧科研人员借鉴参考。愿它为养狐工作者提供有益的精神食粮。

本书在编写过程中，参考了国内外养狐科研资料，并得到了许多养狐专家和一些养狐户的大力支持，在此深表感谢。由于笔者水平所限，错误和不妥之处在所难免，敬请读者指正。

编著者

二〇〇六年八月于海州湾畔

联系地址：江苏省赣榆县赣马镇大高巅养狐场
邮政编码：222124
联系电话：(0518)6311727　13851390468

目　录

第一章　养狐业的发展概述

我国养狐业因起步晚，与国外养狐先进国家相比，还是一项新兴的养殖业。人工驯养的北极狐性情温驯，适应性强，繁殖力高，已被世界上许多国家广泛饲养。狐皮具有皮板轻便、毛绒丰厚、色泽美观而高雅、御寒性强等特点，用狐皮制作的各种制品，在国内外裘皮贸易市场上颇受消费者的喜爱，时至今日仍畅销不衰。为了满足国内外裘皮贸易的需要，我国养狐业具有广阔的发展前景。我国由传统大农业生产向现代化大农业生产发展进程中，养狐业能有效转化农村剩余劳动力，使许多农村寻找致富门路的青壮年劳动力和无劳动能力的农村老、弱、病、残人员，通过养狐增加家庭经济收入摆脱贫困，走向勤劳致富的道路。养狐业亦能为城镇破产企业下岗职工提供再就业机会，使他们下岗后重新走上自谋职业的致富道路，过上自食其力的富裕生活。因此说养狐是脱贫致富的好门路，已成为人们的共识。自从我国加入 WTO 后，农产品融入世界经济潮流中，狐皮出口数量也逐年增加，价格稳定坚挺，给养狐业发展带来新的生机。据国内研究毛皮动物专家们预测，我国养狐业黄金时期已到来，将出现一个持续发展的新阶段，以大规模和产业化发展的我国养狐业，既能为国家增加大量外汇，也可增加养狐者个人经济收入，对促进国家经济发展与社会安定和国家现代化经济建设有着重要意义。

第一节 国外养狐业的发展概况

养狐业在北美洲有150多年的历史，据记载早在1860年加拿大一位叫道尔顿的农民利用捕捉到的野生银黑狐开始试养，1878年在爱德华王子岛上创办第一个养狐场。1883年人工养狐繁殖成功，1912年加拿大养狐成风，各地均建立养狐场，1924年加拿大成为世界上养狐大国。18世纪中期，俄罗斯北部地方居民，把捕获到的野生幼狐进行人工饲养，到冬季屠杀取皮食肉。养狐业发达的国家有芬兰、挪威、丹麦、瑞典、俄罗斯、加拿大、美国等国家，他们很早前就以赢利为目的，十分重视良种繁殖和毛皮质量，进行大规模产业化养狐，成为世界上狐皮生产大国，就目前狐皮生产情况来看处于世界领先地位。

第二节 国内养狐业的发展概况

我国利用狐皮制作衣服，护肤抗寒有着悠久的历史，古代朝廷命官常以皮衣种类来区分官位的高低，有一品狐、二品貂、三品貉的传说。早在1936年黑龙江省的北安、齐齐哈尔市郊和嫩江沿岸就有人建场养狐，但养狐数量较少。真正作为企业性生产的养狐业，是从1956年开始，根据国务院“关于创办野生动物饲养业”的指示精神，从前苏联引进北极狐在东北和西北地区进行人工试养。当时由于缺乏经验和技术指导，饲养成本高，生产效益低，但养狐业发展很快，培养出一大批养狐技术人才，为我国养狐业的发展奠定了基础。后来由于受3年自然灾害的影响，1962年中央提出“调整、巩固、充实、提高”的方针，国家根据国际毛皮市场行情和国内当时养狐产量低的实际情况，养狐业被调整全面下马，中断了一个时期。我国改革开放后，1981 年又从美国、芬兰、丹麦、挪威、英国等国家批量引进北极狐等毛皮动物，分别在黑龙江省的绥化、辽宁省的锦州、山东省的烟台、江苏省的连云港等沿海地区进行人工饲养，并获得成功。经过大力推广饲养，目前，我国以庭院经济小规模分散型的养狐业转向大规模、密集型、产业化饲养方向发展，全国进行了三大技术革命。即：①各地养狐场已普遍开展了用芬兰原种公狐对本地产母狐采取人工授精的方式进行品种改良。通过品种改良，由原来地产狐体重4.5～5.5 千克提高至 8.5～12 千克。②各地养狐场普遍饲喂干配合全价饲料，使狐获得充足营养成分，生长快，体型大，毛皮质量有大幅度提高。③褪黑激素的广泛应用，有效地促进了种狐提前发情，使毛皮提前 45 天成熟，产品提前进入市场，降低了生产成本，又使经济效益明显提高。这三大技术革命，取得了可喜可贺的成果。

第三节　我国适合养狐的地区

北极狐是适宜在高寒地区生长的毛皮动物，北极狐的繁殖和换毛与光周期密切相关，而光周期的变化幅度又和地理纬度有关。因此，想养狐必须先考虑当地所处的纬度。从历年养狐的生产实践中看出，我国在北纬 30°以南地区饲养时，其繁殖功能将受到抑制，生产性能和毛皮质量也会逐年下降。养狐实践经验告诉我们，我国北纬 30°以南地区不适宜发展养狐业。如以长江为界，长江以南地区养狐繁殖率低、毛质差、经济价值低，不如长江以北地区养狐的产量高、毛质好；又如，以黄河为界，黄河以南地区的养狐产量和毛质都不如黄河以北地区养的狐毛质好、经济价值高；再如，以长城为界，长城以内地区养狐不如长城以外地区养狐的毛质好、经济价值高。只有尊重科学，养狐业才能稳步、坚实地向前发展。

第四节　养狐者应组建养狐协会

国内外的养狐经验告诉我们，科学技术的发展将促进养狐业的迅速发展。养狐协会是促进养狐业发展必不可少的组织，它具有行业管理和社会化服务的双重功能。由养狐协会牵线搭桥，把养狐户组织起来，引进新品种，推广新技术，培养适应养狐业发展的专业技术人才，提高养狐者的养狐技术水平，最终目的是提高毛皮产量和质量。用养狐协会＋基地＋农户的方式，把当地养狐户的产品和市场连接起来，形成拳头打出去，尽可能地帮助养殖户解决分散饲养过程中自己不能解决的难题，化解市场风险，这样才能使当地养狐业健康有序的向规模化、产业化方向发展。

第五节　养狐业市场发展前景

人工养狐业已成为我国长江以北沿海地区养殖业支柱产业之一，其经济效益可观，在现代化农业产品结构调整中，养狐业在农民脱贫致富中起到了重要作用。现在全国各地毛皮市场上，狐皮需求旺盛，价格坚挺，90 厘米以上改良白狐皮每张售价达到 480～550 元，预计今后一个时期内，我国养狐业必将由原来分散的、小规模的饲养向较大规模的、密集型饲养的方向快速发展。但养狐者要注意到，养狐业与其他养殖业一样，尽管市场前景较好，但也存在一个优胜劣汰的必然规律，在快速发展的同时也会遇到许多困难，在发展的进程中会有曲折。因此，养狐者要有超前意识，在高潮中预见低谷的到来，在低谷中树立信心，坚持“有利无利常在行里”，只有认真培育高产的良种狐群，降低饲养成本，努力提高毛皮质量，树立“以质取胜”，应对未来的市场竞争，才能在竞争中立于不败之地。北极狐品种改良势在必行，如果不进行品种改良，仍然维持现状，其后果是产品因无市场竞争能力而惨遭淘汰。市场不相信眼泪，不同情弱者。因此，养狐者必须有注重科技、重视市场变化的新观念，要有强烈的行业竞争意识，养殖新品种，引入新技术，增强自身危机感和紧迫感，走以市场信息为导向的规模化和产业化的发展道路。

第二章　北极狐的生物学特性

狐狸是人们对所有狐的总称。在大自然界中野生的狐狸种类很多,遍及世界大部分地区。目前在我国人工饲养的狐狸品种有北极狐、赤狐、银黑狐等10余种,其中北极狐具有较高的经济价值,被视为珍品,在人工养狐业中最为人们所注重。

第一节　分类与分布

一、分　类

狐狸在动物分类学上属于哺乳纲,食肉目,犬科,是一种绒毛尖爪型毛皮动物。因其生长的地区不同,毛色、形态各异,总体可分为两个不同的属,即狐属和北极狐属。

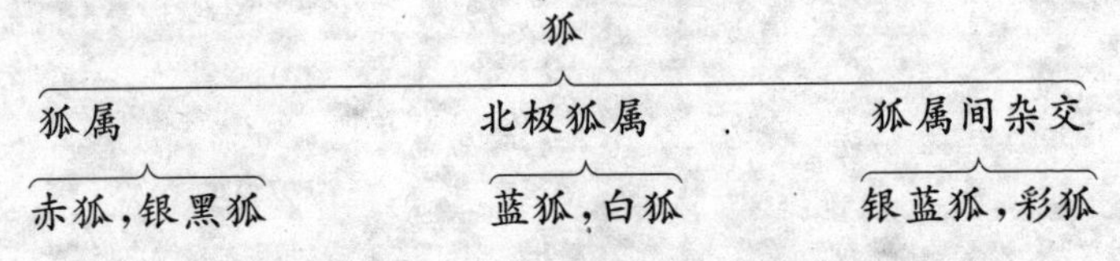

(一)狐　属

狐属包括赤狐、沙狐、藏狐、银黑狐及其他种类的彩狐。

各种野生狐属的狐狸,遍及世界大部分地区,在我国生长的野生狐有赤狐、沙狐、藏狐。狐属的各种狐狸,可与北极狐属的蓝狐、白狐进行杂交配种,产下的后代狐叫彩狐,没有生育能力,不能做种狐用,只能做商品狐取皮用。

(二)北极狐属

野生北极狐是因其生长在北极圈周围而得名。北极狐属的狐狸有两种毛色，一种黑眼睛、黑鼻子、黑爪子，夏季毛色呈深褐色，冬季毛色为浅蓝色，又名蓝狐。另一种鸳鸯眼、红鼻子、红爪子，夏季毛色为灰褐色，冬季毛色为纯白色，又名白狐，也叫雪狐。蓝狐与白狐交配，能产下白色仔狐，也能产下蓝色仔狐，两种毛色的成年狐都可做种狐用(图 1)。

图 1　狐的分类

1. 赤狐　2. 银黑狐　3. 北极狐

二、分　布

野生北极狐主要分布在北纬度较高的亚洲、欧洲、北美洲北部的寒带或接近北冰洋高寒带的沼泽地区。从阿留申、库曼多、阿拉斯加、北千岛、格林兰到西伯利亚南部等地区都有北极狐活动的足迹。

我国从 1956 年开始从前苏联引进北极狐，先后在东北、西北地区进行人工试养，后来由于受国内 3 年自然灾害的影响，1962 年养狐业被调整后全面下马，中断一个时期。1980 年我国毛皮动物考察团人员通过对西方许多养狐国家的考察后，又开始从美国、挪威、丹麦、芬兰等国家引进北极狐，分别在东北至苏北各沿海地区进行人工饲养，一举获得成功。1993 年以来，由于国内外裘皮市场上北极狐皮的需求量增大，价格上涨，养狐业得到快速发展，1994 年我国已成为世界上狐皮及制品进出口国，目前全国各地养狐总数超过1 000多万只，取得了可喜的经济与社会效益。

第二节　形态与生态

野生北极狐由于生长的地区不同，毛色也不同，在北极圈内生长的为白色北极狐；在北极圈外生长的为蓝色北极狐。北极狐的毛色变化是自身为了适应当地的生存环境而发生变化的。

一、形　态

北极狐形态似犬，两耳直立，小而圆，嘴巴短粗，体胖腿短，被毛丰厚，尾巴蓬松；前肢长 25～27 厘米，后肢长 29～31 厘米，尾巴长 28～32 厘米，耳长 4～5 厘米；成年公狐体重 7.5～8.5 千克，体长 60～70 厘米，母狐体重为 5.5～6.5 千克，公狐大于母狐 10％左右，尾根背侧有一明显的尾根腺毛旋。

蓝色北极狐有两种基本毛色，夏季为深褐色，冬季为浅蓝色。冬季北极狐皮底是浅蓝色绒毛（因而又称为蓝狐），背部是大量有光泽的针毛，针毛的基部是白色的，顶端有黑毛梢，黑毛梢位于整个毛皮表面。

二、生　态

北极狐虽是食肉性动物，但食性也比较杂。因野生北极狐原栖息于北极地带的森林、草原和丛林有水源的地方。白天常卧于洞穴中，夜间出来活动觅食。多采用偷袭的方式猎取食物，主要以鼠、蛙、鱼、虫等小动物为食，有时也能捕捉到鸟类，在食物缺乏的寒冬季节也采食各种植物的根、茎、叶、果、种子等用于充饥。

野生北极狐会游泳，性机警，抗寒力强，但不耐热，喜欢在安静、潮湿的环境中生活，有对居共同抚育后代的特性。

北极狐每年两次脱换毛。春季脱冬毛换夏毛，夏季绒毛稀疏，利于散热降温；秋季脱夏毛换冬毛，冬季绒毛稠密防寒保暖，属于周期性换毛。初生幼狐长有胎毛，15 日龄胎毛长齐，60 日龄脱换夏毛，8 月末开始慢慢长出冬毛。11 月中旬冬毛成熟，形成便于伪装和冬季保暖需要的丰厚浅蓝色被毛。

北极狐寿命一般为 8～10 年，繁殖年限为 5～6 年，最佳繁殖期为 2～4 年，每年春季繁殖 1 次，发情期在 2 月中旬至 4 月下旬，妊娠期为 50～52 天，一般每胎产仔 8～12 只，有的母狐 1 胎产仔多达 21 只。

成年北极狐正常体温为 38.8℃～39.6℃，幼狐和壮年狐正常体温为 39.8℃。正常呼吸频率为每分钟 25～30 次，心跳次数为每分钟 60～110 次。

第三节　北极狐的经济价值

一、狐　皮

北极狐具有很高的经济价值，其主要产品是狐皮。北极狐皮毛绒细柔丰厚、色泽鲜艳、美观大方，具有皮板轻便柔细、保暖性强等优点，常被用来制作狐裘皮大衣、狐皮领、狐皮围巾、狐皮披肩等高档衣饰品。北极狐皮与水貂皮、波斯羊羔皮成为三大支柱裘皮，在国内外裘皮市场上占有举足轻重的地位。

二、其　他

养狐除取狐皮外，其他副产品也有综合利用价值，开发潜力很大，应很好收集，加工利用。狐肉细嫩鲜美，无异味，营养丰富，高蛋白、低脂肪，是很好的野味佳肴。《本草纲目》中曾有：狐肉内脏煮食、可补虚损、治恶疮等记载。狐心有镇静安神的功效，治疗心脏病与癫痫病疗效好。狐胆有镇静止咳的功效，是治疗百日咳的良药。狐鞭是雄性狐的阴茎，它有补阴壮阳的特殊功效，可取狐鞭与睾丸晾干后，制成药酒。狐脂肪是现代化妆品生产中的高级原料。狐粪中氮、磷、钾含量非常丰富，是现代无公害农产品生产中难得的一种高效优质、肥力持久的有机肥料。

第三章　北极狐场的建设

场址的选择是一项科学性和技术性较强的工作。场址的布局是否合理，直接影响到将来的生产发展。所以，狐场场址的选择应以适合北极狐生物学特性为宗旨，以安静的自然环境与稳定的饲料来源为基础，根据狐场生产规模及发展规划要求为条件，全面考察，认真规划，合理布局。

第一节　狐场环境

北极狐虽经近百年人工饲养，在生活习性上仍属野生动物，需要僻静的生活环境。狐场环境是直接影响生产效果及生产发展的重要因素。所以，建养狐场选址时，要根据北极狐的生理特性所需基本要求，结合当地实际情况，建造适合北极狐生长、繁殖需要的养狐场。这是饲养好北极狐的首要条件。

一、自然条件

场址应选在地势较高、场地应保证冬暖夏凉，背风向阳、地面干燥、易于排水的地方。低洼地和易受风沙侵袭的地方不宜建场。

水源是一个极其重要的问题，水质好坏对北极狐生长繁殖影响很大。因此，建场前要考察好水源和水质。养狐场用水量较大，冲洗饲料、洗刷食具、饮食用水等都需要大量清洁用水，绝对不能使用被病菌、农药污染的污水。养狐场应具有充足的水源，水质要达到人的饮用水标准。

二、饲料条件

建狐场前要考虑到饲料的来源，饲料来源是建狐场的重要条件。因北极狐是以动物性饲料为主的毛皮动物，每年需用大量的动物性饲料，如果没有充足的动物性饲料来源，也不适宜建场。一个狐场如果各种动物性饲料难以解决，生产就难以搞好，毛皮市场上狐皮行情再好，也难有好的经济效益。因此，建狐场时应选择在饲料来源广、易采购，各种青菜能自给的地方。如靠近畜禽屠宰场、冷库或者鱼类资源丰富的沿海地区及江河、湖泊、水库附近，能保证饲料供应的地方，都适合建养狐场。

三、技术条件

养狐是一项专业技术性较强的产业，筹建养狐场必须事先学习养狐基本知识，培训养狐技术人员或聘请懂技术、会管理的养狐专业技术人员做现场指导。养狐实践已证明，养狐成功离不开技术条件，先学好养狐技术再养狐，以免盲目上马造成重大经济损失。

四、社会环境条件

狐场应建在具有方便的交通条件的地方，场内经营管理区与养狐生产区应分开，外来人员只能在经营管理区内活动，未经允许不能进入养狐生产区。养狐场应具有可靠供电来源，以保证场内饲料加工、饲料贮藏、饲养管理、日常生产等用电。养狐场环境要保证安静，故交通要道、车辆繁多、行人嘈杂或工矿区周围不宜建场。养狐场应与其他畜、禽养殖场等保持一定距离，防止传染病相互传播。另外，养狐场使用面积要留有余地，能向周围扩大，以适应将来狐场生产发展的需要。

第二节 狐棚的建造

狐棚是供北极狐防寒、避暑、遮挡风霜雪雨和生养栖息的简易建筑，可因地制宜，灵活设计，就地取材，形式多样化，可建成一面坡形、人脊形等。总之，棚舍要符合北极狐的生活特性需要，做到既要坚固耐用，又要操作方便。一般狐场的棚舍长度在30～50米，宽度为4.5～5.5米。

一、人脊形狐棚

人脊形狐棚两头山墙高3米，山墙中间留有高2米、宽1.2米的门，狐棚两侧不砌墙，用砖砌成柱子支撑狐棚，脊高3米，宽4.5米，棚内梁底高为2米，棚檐高为1.8米，棚内地面要高于棚外地面20厘米，狐棚两侧要有排水沟，棚舍之间相距4米。棚内两侧排放狐笼，中间设人行道，便于饲养人员操作。种狐棚舍应东西方向，使夏季能遮挡直射阳光，冬季能获得长时间的温暖光照。棚前面朝阳放母狐，冬季利于母狐多见阳光，促进早发情及产箱保温；棚后面避阴放公狐，能使公狐在发情期性欲旺盛，发情期延长，利于配种。幼狐育成棚舍应南北方向，夏季防止中午阳光直射，利于幼狐生长发育。

二、一面坡形狐棚

一面坡形狐棚用2.5米水泥杆做立柱，用竹子、木棒做檩，上面盖上150厘米×60厘米的石棉瓦，做成前檐高1.8米，后檐高2.5米靠在墙上，宽3.5～4.5米的敞开式狐棚。

三、其他设备

养狐场内还应设计布局整齐的饲料加工室、毛皮加工室。供水、供电、冷藏设备以及各种饲养工具，捕捉用具应配备齐全。为保证狐场安全和环境安静，狐场围墙应高 2.3 米以上，养狐场大门口要设消毒石灰槽，狐场周围和场内要栽种树木、花草，绿化、美化环境。

第三节　狐笼与食具的制造

狐笼及食具的制作应本着使用方便，坚固耐用的原则，规格多样，可根据当地实际情况而定。

一、母 狐 笼

用直径 ϕ6 钢筋做成 90 厘米×70 厘米×60 厘米框架，然后用网目 2.5 厘米×2.5 厘米的 12 号电焊网固定在框架上即可。笼子上面一分为二，后面的 35 厘米固定好，前面 35 厘米用 ϕ6 钢筋做成 90 厘米×35 厘米框架，也用同样电焊网固定在框架上，做成活动门，用于检查捉放狐用。笼底用 ϕ6 钢筋做 2 道横杆，使笼坚固耐用。笼前面左下角用 ϕ6 钢筋做成长 13 厘米、宽 3.5 厘米用于取放食具的扁门。笼底四角用木条撑起离地面 50 厘米高，便于打扫卫生与饲养操作。

二、产 仔 箱

用 0.5 厘米厚木板或水泥预制板做成长 75 厘米、宽 55 厘米、高 50 厘米产仔箱。产仔箱的右下角做成 25 厘米×25 厘米小门，门上设有插板。产仔箱内右角 25 厘米处有道隔板走道，箱中隔板门也为25厘米×25厘米。产仔箱顶盖前边25厘米(产仔箱前边靠笼子)固定，后边35厘米做成能活动的板门，有利于检查产仔箱内仔狐及清理箱内卫生。产仔箱底用砖与土垫实，产仔箱底部应与狐笼底部水平，产仔箱应严格密封，防止因漏光引起母狐在产仔期间受惊，仔狐也会因漏风引起感冒，影响仔狐成活率。

三、连体笼

笼子长240厘米，宽120厘米，可用网目2.5厘米×2.5厘米的12号电焊网正中隔开做成双排。每排6个共12个，笼子长60厘米，宽40厘米，高45厘米。每个笼子上面做一个15厘米×15厘米的小门，用于捉放幼狐狸。在每个笼子前面下角做一个长13厘米，宽3.5厘米，用于取放食具的扁门。双排笼底面用6根木条撑起离地面50厘米高。双排笼占地面积少，整齐一体化，使用方便又清洁卫生。

四、育成狐笼

笼子长90厘米，中间隔开，分成两个长45厘米，宽60厘米，高50厘米的笼子，二笼一体。每个笼子上面都做一个16厘米×16厘米的小门，用于捉放狐。每个笼子左下角做一个长13厘米，宽3.5厘米，用于取放食具的扁门。二笼一体育成笼占地面积小，使用方便，利用效率最高，又不影响育成狐的生长发育。有利于密集型大群与分散型小群饲养，值得大力推广。

五、狐的饮食用盒

饮食用盒可用1毫米厚的白铁皮制成长25厘米，宽12

厘米，高 3 厘米的长方形食具，或狐狸专用陶瓷食碗。以上两种食具使用方便，经久耐用，利于清洗。饮水盒可用白铁皮制成稍小的盒子或陶瓷饮水盒固定在笼子前面，高于笼底 20 厘米处，供狐自由饮水。

第四节　购进种狐

狐场建成后，对新养狐者来说，最核心的工作是选购好种狐，种狐质量的好坏将直接影响养狐场的经济效益。俗话说“母狐好，好一窝，窝窝成活效益多；公狐好，好一群，只只健壮好喜人。”这句话高度概括了购种狐的重要性。只有选购到优质种狐群，才能保证养狐场的健康发展，并获得较好的经济效益。为确保购种狐工作的顺利完成，在购种狐过程中应注意以下几点。

一、购种注意事项

购种狐前先考察要购种的养狐场，绝对不能在有传染病的地区购种。种狐必须来自健康狐群，购种前，每只种狐都要注射过犬瘟热、狐脑炎、病毒性肠炎等疫苗。运输前应开好防疫证明和运输证明，才能运输。

二、购种时间

引进种狐以秋季为好，在 8～9 月份，狐的体型外貌基本定型，同时天气也凉爽，便于运输。过早不易观察到狐的生长发育情况，过晚种狐由于不适应新的生活环境，往往影响翌年的正常繁殖。

三、购种标准

新养殖户在购种狐时，要请有养狐经验的人帮助购种。购种狐时，要选择个体结实、结构匀称、两眼有神、反应敏锐、食欲旺盛、粪便正常、毛绒完整、无皮肤病、无自咬病、无尿湿表现的成年公、母狐。公狐要求体格大、雄性强、睾丸发育正常、对称，四肢健壮、尾巴长而蓬松。母狐要求体格细长、四肢较高，性情温驯、母性好、外阴无炎症，在 4 月下旬出生，体质健壮、食欲旺盛、毛质优良的幼狐为最好。系谱要求清楚，公、母种狐不能来源一个养殖场，应分开购种，防止近亲繁殖，影响后代仔狐正常生长发育。

第四章　北极狐的繁殖技术

人工养狐的目的，是通过提高母狐的繁殖率，生产出更多的、质量好的、经济价值高的商品皮张，为养狐者创造出高产、优质、高效的经济效益。要实现这一目的，就要掌握北极狐繁殖的客观规律，了解其繁殖生理特点，采用优选法对当年种狐进行培育，组建经产狐、高产种狐群，使优良种狐的繁殖力和遗传特性充分发挥出来，达到良种高产、高效的目的。

第一节　生殖器官解剖及生理功能

为了解北极狐生殖器官的生理特点，有必要将生殖器官的特征和功能用解剖的方式作以简单的叙述。

北极狐的生殖系统包括生殖器官和附属生殖腺。其主要功能是繁衍后代，以保证种群的延续。公母狐性器官有明显的区别。

一、公狐的生殖系统

公狐的生殖系统包括睾丸、附睾、输精管、阴茎及副性腺等部分(图 2)。

(一)睾　丸

公狐一对睾丸，其形如卵，粉红色，略有弹性，位于腹股沟和肛门之间的阴囊中。

睾丸主要功能：产生精子，同时能分泌雄性激素，兼有内、外分泌功能。北极狐属于季节性繁殖的动物，在休情期睾丸

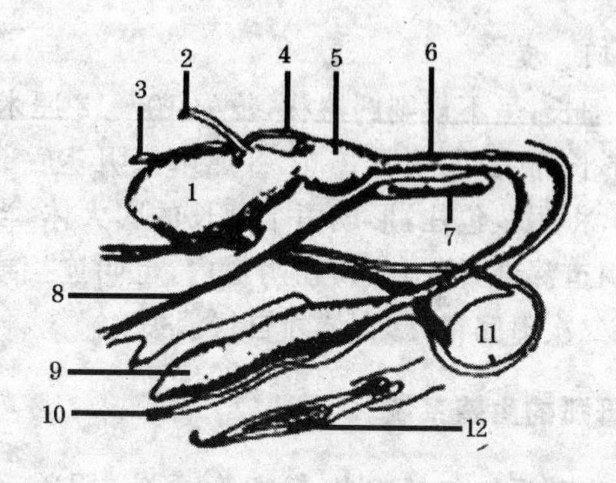

图 2　公狐的生殖器官

1. 膀胱　2. 左输尿管　3. 右输尿管　4. 输精管　5. 前列腺　6. 尿道　7. 耻骨联合　8. 腹壁　9. 阴茎　10. 包皮　11. 睾丸　12. 阴茎骨

变小较硬;发情期明显变大,柔软有弹性,睾丸是随发情期的到来而发生变化的。

(二)附　睾

形如粗线状,位于睾丸上端外缘,分附睾头、体和尾 3 部分。

附睾的功能:输送、浓缩、贮存精子,同时精子必须在附睾中生长发育至成熟。

(三)输 精 管

输精管与附睾尾相连。

输精管主要功能:把成熟的精子输送至尿道口,两条输精管并列而行,到阴茎根部会合,会合处略变粗,并在此处开口于尿道。

(四)副 性 腺

副性腺主要由前列腺和尿道球腺组成,公狐没有精囊,但前列腺十分发达,包围在尿道周围。前列腺和尿道球腺能在公狐射精时排出分泌物,以稀释精液,提高精子活力,还可润滑尿道,使精子被顺利排射出体外。

(五)阴　茎

阴茎细长,呈不规则圆棒状,长为10～12厘米,粗约0.8厘米,外形长而尖,阴茎骨长6～8厘米。阴茎后部有两条阴茎海绵体,将阴茎包住,形成两个细长的膨大体,当交配时涨大,插入阴道深处,使阴茎锁在阴道内,也叫连裆或锁结。直到公狐第二次射完精,膨大体才自行消失。

二、母狐的生殖系统

母狐生殖系统包括卵巢、输卵管、子宫、阴道、阴门和乳腺(图3)。

(一)卵　巢

扁椭圆形,位于第三、第四腰椎间,肾的后缘附近,长约2厘米,宽约1.5厘米,约小拇指头大小,内部呈灰白色,外部粉红色,表面不平被大量的脂肪覆盖,覆盖的脂肪与卵巢之间有空隙,形成一个封闭的卵巢囊。

卵巢功能:周期产生可以受精的卵细胞及分泌雌性激素,促进早期胚胎进入子宫生长发育。

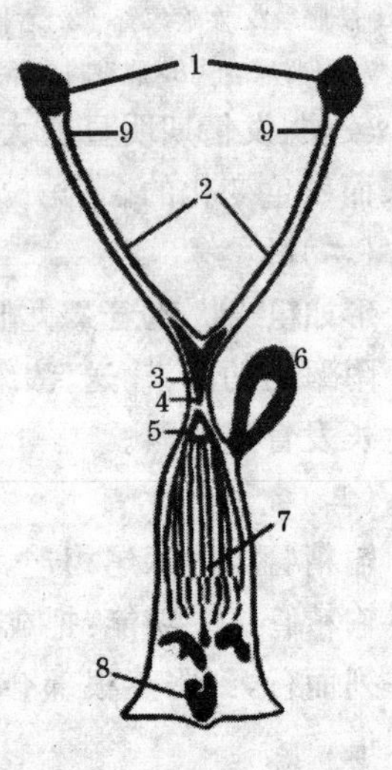

图3　母狐的生殖器官

1. 卵巢　2. 子宫角　3. 子宫体　4. 子宫颈　5. 子宫颈口　6. 膀胱　7. 阴道　8. 阴蒂　9. 输卵管

(二)输 卵 管

狐的输卵管较细,长为5～7厘米,上与卵巢相连接,全部被脂肪包围。

输卵管的功能：接纳排出的卵子，促使卵子受精，并将受精卵输送到子宫内。

（三）子　宫

北极狐的子宫是双角子宫，位于腹腔后部两侧。子宫角长 15 厘米左右。子宫体前部较薄，后部较厚，长度 3 厘米左右。子宫前端与输卵管相连，后端与阴道相连。

子宫功能：在交配的时候，子宫收缩能吸引精子向输卵管内运动；在受精卵未着床前，子宫内分泌出液体，有助于维持受精卵的发育，受精卵着床后，子宫是胎盘形成和胚胎生长发育的地方。

（四）阴　道

阴道上端与子宫颈相接，阴道口连着阴唇，阴道长 8 厘米左右，阴道由平滑肌构成，内部有黏膜，有相当大的弹性和伸缩性，阴蒂也十分发达，未经交配的母狐有一层薄膜把阴道与外阴部隔开，尿道位于前庭下壁。

在阴唇和阴道口之间有一圈环纹肌，有较强的收缩性，交配时公狐的阴茎插入阴道后，阴茎后部海绵体结节充血迅速膨胀，阴道口前庭环纹肌受到刺激而剧烈收缩，使阴茎在交配时被牢牢地锁在阴道内，阴道是交配时精液被射入和暂时贮存的地方，也是胎儿和胎盘产出的必经产道。

（五）阴　门

阴门是大小阴唇、阴蒂前庭及前庭腺的总称。起保护阴道口作用，平时被阴毛覆盖不易观察，在发情期阴毛分开，阴门急剧发生肿胀变色，也是鉴定母狐发情的重要器官。

（六）乳　腺

母狐有 5～6 对乳腺，在腹部排列两行，前部自胸壁的后部起，后端达腹股沟部。乳腺的位置根据其分布的部位，分为胸、腹及腹股 3 部分。每个乳头顶端有许多个细小的排乳孔。

第二节　北极狐的繁殖生理特点

北极狐属于季节性很明显单次发情的毛皮动物，每年春季只繁殖 1 次，繁殖具有周期性，其生殖器官的重要变化也是呈周期性，是受光周期的调节和控制的。

一、性 成 熟

在人工饲养条件下北极狐从仔狐出生至性成熟时间一般需要 280～330 天，公狐性成熟早于母狐。但饲料质量、营养状况、出生时间、遗传基因等因素都会影响到种狐的发情早晚。

（一）公狐性周期

公狐从 5 月中旬开始至 7 月份的夏季属于性静止期，睾丸处于萎缩状态，仅有豌豆粒大，重 1～1.6 克，直径 3～5 毫米，质地坚硬，无弹性，附睾内无精子，阴囊布满被毛并贴于腹侧，外观看不太明显。睾丸发育期从秋季秋分开始，昼夜时间平等，太阳黄经为 180°时，睾丸开始慢慢发育，冬季太阳黄经达到 270°时，睾丸发育加快，明显增大，春季 2 月中旬雨水时节，太阳黄经达 330°时，睾丸直径可达 30 毫米，重 3.8～4.5 克，质地松软，有弹性，附睾内有了成熟的精子，此时阴囊被毛稀少，睾丸松弛下垂，明显易见，开始有性要求，随时可与发情母狐进行交配。

（二）母狐性周期

母狐生殖器官的发育同公狐一样，也随着季节变化而变化，每年夏季母狐生殖器官处于静止状态，卵巢、子宫和阴道的体积都萎缩至最小限度，秋季秋分以后母狐生殖器官才开始慢慢发育，冬季卵巢的体积逐渐增大，滤泡开始发育，黄体已开始退化，到春季 2 月下旬，卵巢里能产生成熟的滤泡和卵子，子宫和阴道也随着卵巢的快速发育而变得肥大，有伸缩性，阴门开始由粉红色向暗红色发展，这时母狐有发情表现。

二、精子和卵子的形成

北极狐是季节性发情动物，每年春季发情，繁殖 1 次，北极狐从发情到配种受光周期的影响。北极狐发情全过程，也就是精子与卵子生长发育的全过程。

(一)精子的形成

精子是由睾丸的曲精细管中一层很薄的细胞形成的，精子形成后被释放到附睾内曲精细管的管腔中，通过直精细管进入睾丸网，而后进入附睾管，在附睾中完成其最后的成熟过程。附睾是贮存精子的部位，睾丸生产精子的能力是动物遗传决定的，也受脑垂体、促性腺激素等其他因素的影响。每年秋分时节，太阳黄经达到 180°时，白天光照时间逐渐小于夜间，昼夜温差也逐渐拉大，当年狐身体快速生长发育向性成熟期发展，睾丸开始缓慢发育，冬至以后太阳黄经达到 270°时，育成后的公狐睾丸发育加快，睾丸明显增大，睾丸中有活跃的精原细胞，精原细胞再经一二次迅速分裂，睾丸中的精原细胞便发育为成熟的精子，原来的曲精细管也已形成管腔，有利于精子通行。立春时节太阳黄经达到 315°时，睾丸松弛下垂，有弹性，开始有性欲要求，随时都可以与母狐进行交配。

公狐射精时，附睾中排放出浓稠的精子，同副性腺分泌的液体混合，构成精液。精液中主要是精清，并含有一定数量的精子，精清是精子的保护液和载体，它能帮助精子保持在交配过程和通过母狐生殖道内的活动力，为精子提供生存所需的营养物质。

精液中大部分是水分，无机成分阳离子以钾和钠为主，钾、钠保持一定的浓度能增强精子的活力和维持精液的渗透压；糖类主要是果糖，能在短暂时间内供给精子的能量；蛋白质主要是组蛋白，组蛋白是构成精子和精液的主要成分；维生素 B_1、维生素 B_2、维生素 C 等，这些维生素的存在有利于提高精子的活力和密度。精液中还含有酶类、核酸和脂质等，它们都为精子存活执行着各种不同的保护功能。

（二）卵子的形成

在母狐发情全过程中，卵巢历经卵泡的发育成熟和排卵、黄体的形成、维持和退化等过程，母狐是多卵泡发育、排多卵的毛皮动物。卵子生长在卵囊中，是由单层卵原细胞包围着的单个原始卵泡，在昼长夜短光照长的夏季，母狐性生殖器官处于静止期，卵巢和子宫都很小，卵巢中的卵泡发生退化，子宫角和子宫体为苍白色，阴道上皮由 1～2 层多边形上皮细胞组成。秋分时节，太阳黄经达到 180°时，光照逐渐缩短，夜长昼短，卵巢开始缓慢发育，原始卵泡也缓慢生长着。卵巢内的透明带中孕育着正在生长的卵母细胞，卵母细胞的生长和成熟分裂都是随季节变化而形成的。春分时节太阳黄经达到 360°，卵细胞变化为成熟的卵泡，此时母狐出现阴部红肿，有发情求偶的表现。北极狐属多胎动物，排卵数量多少与遗传、年龄、营养有很大关系，所以在配种前，适量增加一些肝、脑等动物性饲料，能促进精子与卵子发生，能有效提高母狐排卵数和公狐精子品质，能使母狐提前 10～20 天发情，并对提高母狐受胎率和增加母狐产仔率、幼狐成活率都有益处。

第三节　发情鉴定与配种时机

每年 2 月中旬以后，太阳黄经到达 330°时，由于昼长夜短，光照周期的延长，寒冬将过去，暖和的春风使大地回暖，万物开始复苏，迎春花开时，北极狐迎来一年一度的繁殖季节。由于性欲加强，食欲下降，公、母狐时常发出“呱、呱呱、呱……”的鸣叫声，性情十分活跃，有求偶的表现，说明进入发情配种时期。北极狐发情配种集中在 3 月初至 4 月底，占发情总数的 85%。因出生晚或营养不良的母狐，不发情的占 15%左右。

一、发情鉴定

根据母狐外阴部变化，母狐发情鉴别分 5 个阶段。

(一)发情前期

阴毛分开，外阴部明显裸露，阴门稍红肿，阴蒂呈圆形，公、母狐之间开始发生性趣，经常发出“呱、呱呱、呱……”的求偶叫声。这种现象可持续 3～7 天(图 4 Ⅰ)。

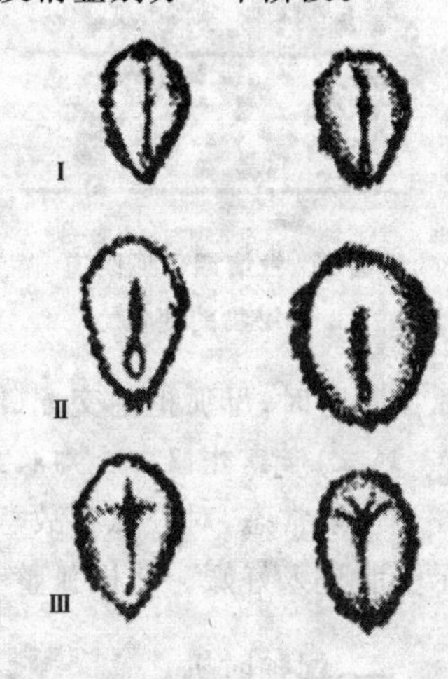

图 4　发情期母狐性器官的变化

(二)发情中期

阴门红肿，阴蒂也增大，具有弹性，呈粉红色，此时母狐兴奋，追逐公狐，但在公狐企图交配时，母狐却逃跑拒配。出现这种现象 2～3 天后即可进行交配(图 4 Ⅱ)。

（三）发情期

此时成熟的卵细胞逐渐排出，阴道涂片上可看到有核细胞和无核细胞数量几乎相等，此期母狐阴门高度肿胀外翻，差不多呈圆形或椭圆形，阴门两侧上部有轻微的皱褶，阴唇软厚外翻，阴门根部松软，弹性减少，呈暗红色，并从阴门内流出乳白色黏液，尿液呈绿色并频繁排尿，时常吮阴门，废食。此期持续 2～5 天，这正是母狐发情排卵期，也是配种最关键期，配种次数与配种质量直接关系到母狐受胎率高低和产仔多少，此时一定要抓住时机，认真做好选配，以提高母狐受胎率和产仔率（图 4 Ⅲ）。

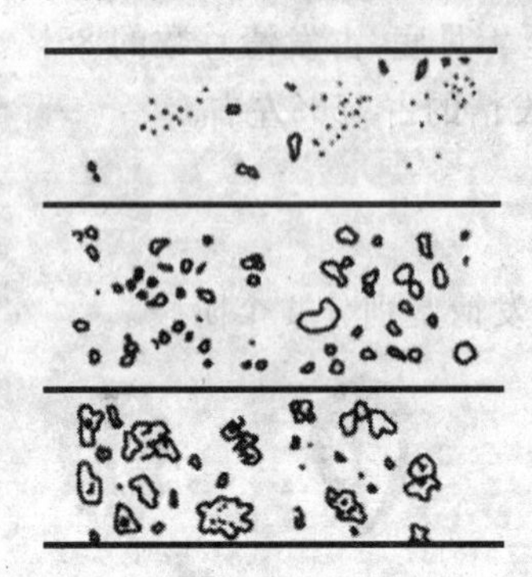

图 5　发情期母狐阴道分泌物的变化

（四）发情后期

阴部肿胀有明显萎缩呈紫黑色，卵巢也开始收缩，排卵结束，黄体已形成。阴道涂片上有核角化细胞、白细胞，阴门肿胀外翻消失、逐渐萎缩，母狐性欲迅速减退消失，将母狐放到公狐笼里，母狐不理公狐。公狐欲爬跨时，母狐拒绝交配（图 5）。

（五）母狐外阴部全部收缩期

恢复常态，对公狐有敌意。有黄脓状分泌物糊住阴门，表示受胎进入妊娠。北极狐整个发情过程为 8～10 天。

二、配种时机

母狐配种有两种方法，一种是自然交配，另一种是人工授精。

(一)自然配种方法

经过人工长期饲养的北极狐在交配时不怕人看,但要保持安静,这样有利于提高母狐受胎率与产仔率。对母狐发情鉴定要准确,千万不能操之过急,在母狐发情还没有进入旺期时,不能强行配种,更不能用性激素药物来催情,一切要顺其自然。配种必须以北极狐的性行为为准则,遵循"一看、二查、三放、四测"相结合的对母狐发情鉴定方法进行的。一看:就是看母狐发情时外阴部变化,具体表现在母狐外阴部红肿久翻,尿频,食欲减少,性情兴奋不安。二查:就是对母狐阴道内容物涂片进行检查,此法是用灭菌棉签蘸取母狐的阴道内容物制作涂片,放在200～400倍显微镜下观察母狐阴道内容物的白细胞、有核角化细胞和无核角化细胞所占的比例变化来判定母狐是否发情。三放:就是放对试情,把母狐放到公狐笼内,通过公、母狐实际接触,看母狐是否进入发情旺期,同时也避免有的母狐隐蔽发情,配种期主要以放对试情为主。四测:利用测情器测试发情母狐是否进入排卵期,以确定最佳配种时间,这种方法多用于对母狐人工授精时使用。具体方法是:将测情器的探头插入母狐阴道内6～7厘米,看测情器表上的数据,每日测1次,根据每日测定的数值做成曲线图,当测定值上升到顶峰后开始下降时,正是最理想的人工授精时间(图6)。

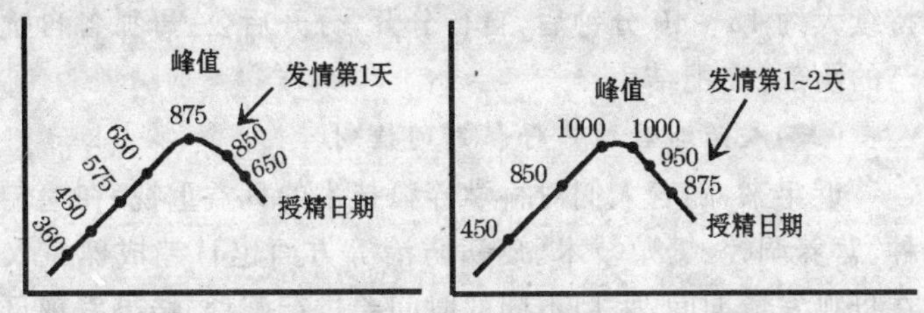

图6　测情数值变化

北极狐是1次发情、自然排卵的动物，发情旺期持续时间较短，母狐发情第一次受配后，应连续交配3天，使其达成3～4次交配，第一次常用有配种经验的公狐进行交配，第二次由于母狐为发情旺期，性情温驯，可训练当年小公狐交配，第三次、第四次用壮年、精液质量优良的公狐进行复配。配种完3～5天后，再用公狐对母狐进行检查1次，看母狐是否休情，如果母狐受配，仍可让其再交配，配种结束后，母狐进入妊娠期。

（二）交配特点

将发情旺期的母狐放到公狐笼内，母狐与公狐相互嗅闻、嬉戏后，公、母狐同时发出“嘎、嘎、嘎……”的欢快细叫声，尔后母狐温驯地站立，后肢呈半蹲状态，尾巴翘向一边，肛门紧收，阴门凸出，安静地让公狐嗅闻和不停爬跨，公狐则表现异常兴奋，发出“咕、咕咕……”一连串激情低叫声，公狐顺势，用前肢紧抱母狐后躯立即出现频频插入动作。公母配合得当时，公狐将阴茎迅速插入母狐阴道后，公狐身躯与母狐臀部贴紧，抽动加快并很快结束，公狐开始射精，射精时，公狐两前肢紧紧搂住母狐的臀部，然后公狐臀部内陷，尾根部轻轻抖动，双眼全闭，呼吸急促，时而发出“哼、哼、哼”的缓慢低叫声，即开始射精，射精后，公狐立即从母狐背上转身滑下，背向母狐，两尾紧靠，出现“锁结”现象。“锁结”时公狐仍可继续射精。持续大约15～40分钟后，自行分开，分开后公、母狐各自吮自己的阴部，交配结束。

（三）人为对母狐产仔性别的控制

近年来，随着人们对科学养狐技术的日益重视，在遗传育种、营养调控、繁殖技术、疫病防治等方面也日趋成熟。人们在母狐发情期间，采用不同的时间差进行配种，结果发现母狐在发情排卵期间与公狐进行交配，产仔公狐比较多；而母狐刚发情但还不到排卵期，就让母狐与公狐进行交配，产仔母狐比较多。也就是说，母狐发情排卵期间与公狐进行交配，卵子先排出，精子后到，形成的受精卵，母狐受胎后产仔公狐的占多数；母狐刚发情还没有进入排卵期间，这时母狐与公狐进行交配，公狐射出的精子先到受精点，母狐排出的卵子后到受精点，母狐受胎后产仔母狐占多数。人们从实践中得知，母狐发情交配时间差对所产仔狐性别有影响，可让母狐在不同排卵阶段受精，从而使母狐产仔性别控制 60%以上。这一发现对养狐业遗传育种方面是一重大突破，将对养狐业产生深远的影响。

（四）注意事项

第一，让公、母狐实际接触试情，防止隐蔽发情的母狐漏配。对择偶性强、发情好、拒配的母狐，可通过多次调换公狐的办法让其达成交配，以避免因择偶使母狐失配。

第二，也可采用双重交配方法，直到母狐休情，以降低空怀率。应注意做好配种记录，不致因血缘关系影响留种。

第三，检查公狐精液，及时查出无精子和精液不良的公狐，是减少母狐空怀的有效方法。具体方法是用检验用的玻璃吸管插入母狐阴道 3～5 厘米处吸取精液，放在载玻片上，然后将载玻片放在 200～400 倍显微镜下，观察精子有无、形态、活动、密度、发育等情况，其主要目的是从形状上判断精子发育是否良好。如发现公狐生产的精液密度不够，精子有畸形、缺头、少尾现象的，都不能参加配种。

第四节　受精过程与妊娠生理

妊娠是胎狐在母体子宫内发育成长的全过程，卵子受精是妊娠的开始，胎狐及其附属物排出母狐体外是妊娠的终止，共需 48～58 天不等(图 7)。

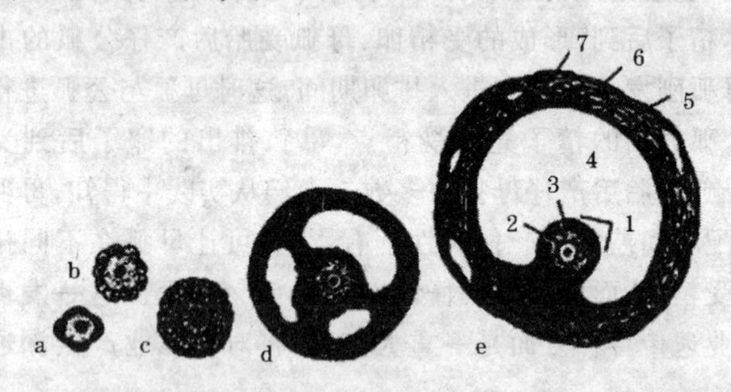

图 7　卵泡的生长和成熟卵泡的组织学结构

a. 原始卵泡　b. 初级卵泡　c. 次级卵泡　d. 生长卵泡　e. 成熟卵泡　1. 卵丘　2. 卵母细胞　3. 透明带　4. 卵泡腔　5. 颗粒膜　6. 卵泡内膜　7. 卵泡外膜

一、受精过程

母狐发情，自愿与公狐进行交配时说明卵泡已发育成熟。卵泡破裂，卵子由卵巢排出后，经输卵管伞部进入输卵管。卵子从卵巢中排出的过程叫排卵。北极狐是自然排卵的毛皮动物，一般第一天发情，第二天才开始排卵，可是所有卵泡又不是同时成熟和排卵，而第一次开始排卵至最后一次排卵的间隔为 3～5 天。母狐发情第一天排的卵占 13%，第二天排的卵占 47%，第三天开始排的卵占 30.5%，第四天占 7%左右。要想提高母狐的受胎率和产仔率，就要连续对母狐进行复配 3～4 次，这样既能降低空怀率，又能提高产仔率。

精子从公狐体内射出后，依靠自身特有的游动功能，必须通过宫颈管、子宫腔，自动到达输卵管的壶腹部集结等待卵子的到来。当精子与卵子接触时，精子包围卵子，部分精子穿过放射冠和透明带，迅速进入卵子内，但最终只有1个最强的精子与卵子相融合，形成一个新的细胞。已受精的卵子被称为受精卵或孕卵，这个受精卵就是新一代生命的起源(图8)。

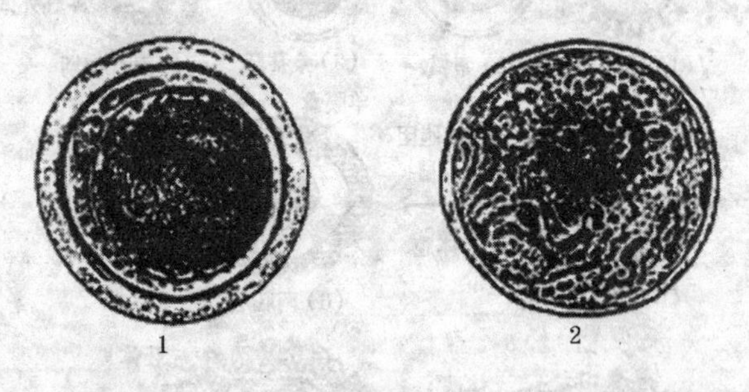

图8　受精和未受精的卵

1. 未受精卵　2. 已受精卵

二、妊娠生理

妊娠期时间的长短一般不受母狐年龄的影响，母狐妊娠期是由精子和卵子结合形成受精卵，由输卵管进入子宫，附植于子宫黏膜发育成胎狐，胎狐在母狐体内的发育过程叫妊娠，亦称怀孕(图9)。

(一)妊娠期生理特点

1. 附植期　母狐受胎后，卵子通过受精形成受精卵，受精卵边分裂边依靠输卵管肌肉蠕动和黏膜纤毛的摆动向子宫腔方向移动，受精卵中的细胞经过2～3天的反复分裂，在受精卵到达输卵管子宫前端时，已成为一个实心细胞团。妊娠期的前9～12天时间，受精卵从输卵管移到子宫角，并均匀地分布在两侧子宫角中；胚泡在子宫角中着床，胚泡在子宫内膜中着床后，胚泡在既定的位置定居下来，并开始向子宫内膜进行附植。

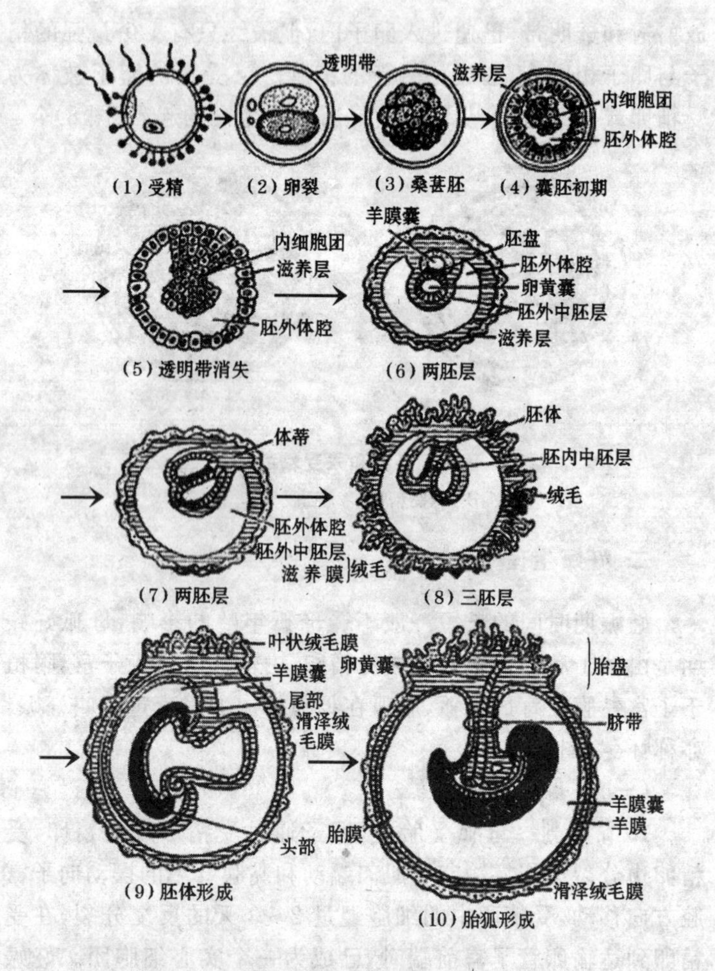

图9　胎狐的形成全过程

2. 胚胎期　胚泡在子宫角中着床后,从而进入胚胎发育阶段。母体的子宫与胚体的绒毛形成胎盘,胎盘用来保护和滋养胚胎,胎盘是胚胎提供氧气与获取养分的主要器官,胚胎与母体的营养物质交换是通过胎盘来实现的。这个时期,胎狐各种器官和身体各部分已初步形成。用肉眼观察来判断母狐是否妊娠是很困难的。前期行为及腹部几乎无明显变化,30 天以前胎狐只有 1 克重。

3. 胎期 胚胎期以胎狐生长发育为主,妊娠后的母狐血液中雌激素水平降低,孕激素水平增高,35 天后骨骼开始形成,胎狐达到 5 克重,40 天时胎狐约 10 克,妊娠母狐变得安静,行动缓慢,不愿活动,腹部增大下垂,乳房开始突起,母性增强,48 天时胎狐达 70～75 克。产仔前母狐自行拔掉乳房周围的毛,使乳头外露,便于仔狐吸吮,同时还有刺激乳腺分泌乳汁的作用。由于胎狐在母体内快速生长发育,腹部明显增大,乳房膨大,乳头突起,食量也随着妊娠天数增加而增大,胎狐发育成熟后,通过阴道产出体外。

母狐妊娠期为 48～58 天,一般都在 51～52 天,49～52 天产仔占 90%以上。

(二)母狐预产期的推算方法

为了准确了解母狐产期,提高仔狐成活率,加强对产仔母狐的护理工作,必须在配种结束后做好记录,并将母狐的预产期推算出来。在日常生产中,大多数都采用日期推算法。

日期推算法比较简单,从母狐最后 1 次交配日期算起,月份上加 2,日期上减 8,即是母狐的预产期。

例 1:38 号母狐最后 1 次交配日期是 3 月 15 日,那么它的预产期推算:3 月份＋2＝5 月份,15 日－8＝7 日,即 38 号母狐预产期为 5 月 7 日。

例 2:46 号母狐配种结束在 4 月 6 日,那么它的预产期推算为:4 月份＋2＝6 月份,因为 6 日－8 不够减,我们从月份中抽出 1 个月,换算为 30 日加上 6 日等于 36 日,再拿 36 日减8日等于28日。那么,46号母狐预产期在5月28日。

三、分娩预兆与哺乳护理

分娩是指妊娠期满的母狐,将体内的胎狐及其附属物,通过生殖器官产出体外的全过程叫分娩也叫产仔。

(一)分娩预兆

母狐分娩预兆是阴门柔软、充血、肿胀,开始拔掉乳房周围的绒毛,腹部下垂,排尿频繁,食欲减退,不时发出鸣叫,并有衔草做窝、扒产箱等现象后,证明马上就要开始分娩。母狐多在安静的清晨或夜间进行分娩,分娩时间为1～2小时,有时达3～4小时,母狐一般每隔10～15分钟分娩1只仔狐。分娩时,胎狐娩出的身体部位大多数是相互交替进行,前1只先出头部,后1只则先出臀部,这是由于北极狐是双子宫角动物,胎狐分布在两个子宫角内,胎狐从不同子宫角娩出有关。分娩时母狐将胎盘和脐带咬断,并吃掉胎盘,小心地舔净仔狐身上的胎衣,舔干仔狐身体残留的液体、污血等。这对促进仔狐血液循环,减少疾病,增进母仔感情有着重要作用。母狐分娩时一般不需要人工助产,如果已到预产期的母狐阴部潮湿,频繁出入产仔箱,焦急不安并发出痛苦挣扎的呻吟声,应视为难产,需要及时进行人工助产(表1)。

表1　大高巅养狐场母狐配种开始至分娩结束表

年　份	配种开始期	配种结束期	分娩开始期	分娩结束期
1996年	2月28日	5月10日	4月21日	7月2日
1997年	3月1日	5月2日	4月24日	6月24日
1998年	3月6日	4月21日	4月29日	6月14日
1999年	3月8日	4月18日	5月1日	6月10日

续表 1

年　份	配种开始期	配种结束期	分娩开始期	分娩结束期
2000 年	3 月 4 日	5 月 1 日	4 月 27 日	6 月 23 日
2001 年	2 月 28 日	4 月 20 日	4 月 21 日	6 月 12 日
2002 年	2 月 25 日	4 月 15 日	4 月 17 日	6 月 7 日
2003 年	2 月 26 日	4 月 20 日	4 月 8 日	6 月 12 日
2004 年	3 月 1 日	4 月 24 日	4 月 24 日	6 月 16 日

(二)哺乳护理

母狐在分娩期间释放的催产素有促进排乳的作用，以使初生仔狐获得乳汁供应，初乳中含有较高抗体和蛋白质，母狐直至全部分娩完毕，才安静耐心地给仔狐统一哺乳。初次吮乳后，仔狐抱团进入沉睡，直至需要再吮乳时才醒来发出“吱、吱”叫声，约 3 小时吮乳 1 次，吮乳后便进入沉睡。

分娩后母狐的母性很强，除吃食以外，很少出来活动，几乎整天都卧于产箱内，安心护理仔狐，母仔关系非常亲密，母狐侧身躺卧为仔狐哺乳，仔狐吮乳后，母狐逐个舔仔狐肛门或尿道口，刺激仔狐排泄粪便，仔狐的大、小便被母狐舔食掉，整个产仔箱很干净。

仔狐出生后，双眼紧闭，无齿、无听觉，身上披有黑褐色或白色的稀疏胎毛，一般体重 60～80 克，体长 10～12 厘米。仔狐体重与体长的大小取决于母狐产仔数量多少，母狐产仔多的，仔狐体格小，母狐产仔少，仔狐体格大。仔狐 3 小时左右吮乳 1 次，吃饱后便沉睡，很少嘶叫，产仔箱内很安静，有周期性宏亮有力的“吱、吱”叫声、哺乳声和仔狐爪子蹭产仔箱底声。

仔狐出生时盲目，长至 15 日时睁开眼睛，犬齿和门齿也陆续长出。18 日后，母狐开始叼食到产仔箱内喂仔狐。20 日后仔狐陆续爬出产仔箱到笼中采食。仔狐采食前粪尿由母狐舐食掉，仔狐采食后，母狐不再舐食仔狐粪尿，母狐站立给仔狐哺乳。此时产仔箱由于仔狐粪尿，造成潮湿、脏乱，仔狐容易感染各种疾病。所以，要及时清理产仔箱内粪尿，注意清洁卫生。一般情况下，母狐产仔哺乳都比较正常。母狐产仔过多或产后无奶，其仔狐可用同期产仔少的母狐代养，也可以用同期产仔的母狗、母猫代养，成活率比较高。但一般不要人工哺乳和人工护理，因人工哺乳的仔狐成活率较低(表2)。

表2 北极狐的生长速度 (单位:克)

地产狐			改良狐		
周龄	体重	日平均增长	周龄	体重	日平均增长
初生	60～80		初生	80	
1	200	1.71～15	1	210	18.5
2	340	20.0	2	360	21.5
3	510	24.0	3	535	25.0
4	670	23.1	4	745	30.0
5	872	28.9	5	997	36.0
6	1068	28.0	6	1263	38.0
7	1320	26.5	7	1542	40.0
8	1574	36.3	8	1850	44.0
9	1856	40.3	9	2186	48.0
10	2135	40.0	10	2551	52.0
11	2416	40.0	11	2942	56.0
12	2670	36.3	12	3348	58.0
13	2866	28.0	13	3754	58.0
14	3060	28.0	14	4174	60.0
15	3230	24.0	15	4594	60.0

续表 2

地产狐			改良狐		
16	3390	24.0	16	5028	62.0
17	3566	24.0	17	5462	62.0
18	3734	24.0	18	5910	64.0
19	3902	24.0	19	6358	64.0
20	4070	24.6	20	6820	66.0
21	4240	24.0	21	7282	66.0
22	4400	24.0	22	7737	65.0
23	4570	24.0	23	8178	63.0
24	4745	24.0	24	8605	61.0

第五节　提高种狐繁殖力的措施

北极狐的繁殖是一个复杂的生产过程，种狐群繁殖力指标涉及多个生产环节，受多种因素的影响。在日常生产中，我们应当主要从以下几个方面采取措施，以达到提高母狐繁殖力的目的。

一、组建高产母狐群

经产母狐繁殖力高于初产母狐，这是因为经产母狐是经过严格挑选和淘汰，经生产实践已经验证的结果。由于初产母狐只在外表上选种，没有经过生产实践的检验去证明其生产性能，决定是淘汰还是留种，所以初产母狐产量低于经产母狐。高产群组成以 2～4 年壮年狐为骨干，因当年狐和 5 年以上母狐繁殖力低。每年调整种狐群时，补充的当年狐不宜超过 20％，除大批扩群需要外，尽量减少老年狐的留种比例(表 3)。

表 3　种母狐年龄与繁殖力的关系　（单位：只）

年　龄	受配母狐	产胎数	产仔数	胎平均数
当年初产狐	50	43	271	6.3
2 年经产狐	50	47	404	8.6
3 年经产狐	50	45	396	8.8
4 年经产狐	20	17	139	8.2

二、控制好母狐体况

母狐繁殖期体况对种狐繁殖有直接影响，过肥或过瘦对种狐繁殖都不利，把母狐体况控制在适宜繁殖的体况上，母狐繁殖力会明显增强。保证母狐有良好的种狐体况，控制至既不能过瘦，也不能过胖。母狐应具有中等膘情，体质健壮，改良母狐体重达到 5.5～6.5 千克的标准，地产母狐体重达到 4.5～5.5 千克的标准。用于自然交配的公狐应具备上等或接近上等膘情，精力旺盛，食欲良好，体质健康，体格修长，体重在 8 千克左右为最好（表 4）。

表 4　不同体况母狐的繁殖力　（单位：只）

体　况	种母狐数	产胎数	产仔数	胎平均数
过　瘦	50	41	217	5.29
适　中	50	48	413	8.6
过　肥	20	14	86	6.14

三、准确掌握配种时机

及时配种是提高母狐繁殖力关键所在。北极狐是季节性一次发情动物，发情期只有 10～12 天，发情前期 6～8 天，阴部呈现粉红色，配种期仅 2～4 天，当母狐发情达到高潮时，外阴部呈现椭圆形，阴门两侧上部有轻微皱褶，呈现暗红色或浅灰色，阴门有白色黏液流出。要及时把母狐放入公狐笼内进行试情，当母狐温驯接受公狐爬跨时，证明母狐进入发情期，母狐卵巢中卵子成熟，在这时交配的母狐就能多排卵，卵子与精子结合受精的机会就多，能达到一胎多产的目的。母狐产仔潜力很大，1 个发情期能排 27～28 个卵(表 5)。

表 5　交配方式对母狐繁殖力的影响

配种方式	受胎率(%)	胎平均数(只)
1+1	68.5	8.1
1+1+2	96.2	10.5
1+2+1	95.8	11.2
1+0+2+1	96.5	9.1

四、双重配种增加产仔数

适当进行复配、双重配种能提高受胎率，增加产仔数。因为狐的卵泡成熟不是同期的，已衰老的卵子、精子均无受精能力，只有不断补充生命力旺盛的精子，才能与成熟的卵子结合，提高受胎率和产仔数。而且通过复配、双重配种也能诱导母狐多次排卵，所以在母狐发情的 2～4 天内，以连续交配3～4 次为好。在母狐发情期间最好采用多只公狐多次与其配种，能有效增加产仔数量(表 6，表 7，表 8)。

表 6　母狐配种次数与产仔数的关系　(单位：只)

配种次数	受配母狐	产胎数	产仔数	胎平均数
1	15	10	52	5.2
2	35	28	167	5.96
3	53	49	417	8.51
4	22	20	168	8.4

表7 公狐的配种次数统计 (n=120)

交配次数	10次以下	11～20次	21～25次	25次以上
公狐头数	30%	48%	14%	8%

表8 母狐妊娠期长短与产仔数的关系

项目	妊娠天数				合计
	46～49	50～52	53～55	56～62	
产胎数(胎)	14	56	15	7	92
产仔数(只)	115	606	154	31	906
胎平均数(只)	8.21	10.8	10.27	4.43	9.85

五、加强日常饲养管理

饲养好种狐，获得生命力强的两性细胞，这是提高繁殖力最基本的方法。进入准备配种后期，日常饲粮中要增加蛋白质、维生素饲料。多喂些动物肝、脑、乳、蛋等动物性饲料，要喂些胡萝卜、麦芽、谷芽等富含维生素的饲料。经常喂些壮阳促情饲料，如葱白、大蒜、韭菜、鸡、猪、羊脑、肝、胎盘等。公狐还可以喂些猪、牛、羊的睾丸。这样，能提高公、母狐性欲，促进提早发情，多排卵(精子)，有利两性细胞结合，使受胎率明显提高。

第六节 人工授精

采用人工授精让母狐受胎是一门实用生物技术，它是人为地控制母狐繁殖的一种手段。人工授精是用人工方法采取公狐精液经检查、稀释、保存等特定处理后，再借助器械将采到的精液输入到发情排卵期的母狐子宫内，使其妊娠的一种繁殖技术，以代替公、母狐自然交配的方法。目前，我国各地养狐场普遍采用原种芬兰公狐与地产母狐进行人工授精，其主要目的是从国外进口原种狐身上获取优良基因对国产狐进行品种改良，通过人工授精，提高公狐的利用率，加快狐群的改良进度，增加优良品种狐数量的进度。由于参加配种公狐的数量减少，以达到降低种公狐的饲养成本，加快新品种的培育，提高商品狐的毛皮质量，最终获得较大的经济效益，可以说人工授精在北极狐繁殖史上是一次新技术革命。

一、采　精

人工采精的方法是采取徒手按摩采精。采精前先将种公狐保定在采精架上，使狐呈站立姿式。操作人员先将狐腹股沟部和阴茎包皮部用温湿的毛巾擦洗干净，按摩睾丸和阴茎几次。然后用左手握在阴茎的球状海绵体部位，前后有节奏地来回摩擦公狐阴茎和龟头部 15 分钟后，公狐阴茎勃起充分时，即可射精，右手握集精杯接取排出的精液。人工采精，每次能采到精液 0.5～2.5 毫升，精子数为 3 亿～6 亿个。连续采精 2 天的公狐应休息 1 天后再采，以保证精液品质优良。

二、精液品质检验

及时对采集精液的精子密度、活力、形态和被污染程度等进行检验，然后决定精液的利用价值和稀释倍数，确定每毫升原精液中的精子数量（采用血液红细胞和白细胞计数方法）。用于人工输精的精液其精子活力应达 0.7，畸形精子数应少于 10％。

根据原精液的精子密度用特制的稀释液进行稀释，稀释后的精液每毫升精子数应在 1 亿个以上。稀释液应事先放在

39℃～40℃温水中，保存时间不应超过2小时，时间越短越好，应尽快给发情母狐输精（图10）。稀释液的几种配方如下：

图10 北极狐精液涂片

配方1 氨基乙酸1.82克，柠檬酸钠0.72克，卵黄5毫升，蒸馏水100毫升。

配方2 氨基乙酸2.1克，卵黄30毫升，蒸馏水70毫升，青霉素40万单位。

配方3 葡萄糖6.8克，甘油2.5毫升，卵黄0.5毫升，蒸馏水97毫升。

配方4 柠檬酸钠1.16%，甘氨酸0.75%，卵黄20%，甘油5%，葡萄糖1%，青、链霉毒素各40万单位，加蒸馏水至100%。

三、精液的稀释

根据精液的品质确定其稀释倍数，一般应保证每只母狐每次输入的精子不少于5 000万个。研究证明，稀释液的成分对母狐的受胎率、产仔数有明显的影响。

四、发情鉴定

能否准确地掌握母狐的发情期，是关系到适时输精的关键。由于采用人工输精技术的养狐场公狐的留种数量少，所以一般多采用外部观察法和测情器法，较少采用试情法、阴道涂片法进行母狐的发情鉴定。

五、人工输精

利用一定的工具把精液输送到发情母狐的子宫内，称之为人工输精。其方法较多，应以方便操作、简单快捷、准确可靠为原则。目前最常用的是针式输精法。输精针是根据母狐子宫颈的生理构造设计制作的，结构简单，方便实用。每次的输精量一般为 1～1.5 毫升，有效精子数以 0.5 亿～0.6 亿个为宜。输精前要准备好输精用具和保定器等。狐阴道扩张器、输精针等要经过严格灭菌，保存在消毒容器内备用。输精针应每只母狐 1 只，禁止交叉使用。输精操作人员要把手充分洗净消毒，并用消毒毛巾擦干(图 11)。

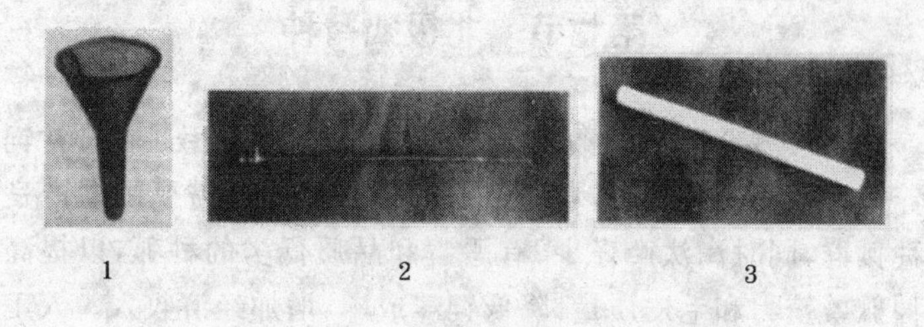

1　　2　　3

图 11　北极狐授精器具

1. 集精杯　2. 狐输精器　3. 狐阴道扩张器

六、人工授精应注意的事项

第一，选择优良种狐。采用人工授精技术，每只公狐一年内能繁殖大量的后代，如采用劣质公狐的精液，会导致狐群质量快速退化。

第二，采精、输精用具要严格灭菌。人工授精用具要严格按操作程序消毒，否则会导致疾病在养殖场迅速蔓延。

第三，准确把握输精时间。狐是季节性单次发情、自发性排卵动物。1 年只有 1 个发情期。虽然精子、卵子都能在母狐生殖道内存活一段时间,但输精时间的不当会导致生产的失败。

第四,输精的方法要熟练、快捷。操作人员要经过技术培训,避免生硬、长时间的操作对公、母狐生殖系统造成损伤。

第五,精液稀释液的质量要有保证。精液稀释液要严格按配方配制,保存在密闭无菌的容器内,并在有效期内使用。禁止使用已受污染、过期的稀释液。

第六,精液要输入到子宫内。狐狸是子宫内射精动物,将精液输送到阴道内将会影响受胎率。

第七节　北极狐育种

北极狐育种就是要选出最优秀个体留做种用。在日常饲养管理上要注意观察,培育出自己养狐场生产需要的高产良种狐群,同时淘汰产仔少、有恶癖和品质低劣的种狐,以提高种狐繁殖力和毛皮质量,降低饲养成本,增加经济收入。人工养狐就是要让良种母狐多产仔增加狐群数量,收获优质狐皮,达到高产、高效的目的。

一、选种标准

选种是一项既细致又复杂的技术性很强的工作。应坚持三看、三选,用优选法选种,坚持普中选良,良中选优,优中再选优的方法缓慢进行。以预选留种狐的个体品质、系谱和后代鉴定指标等为综合考察的依据。当年幼狐留种要选择发育良好,同窝仔狐 8 只以上,性情温驯,食欲旺盛,生殖器官发育良好,个体健康,在 5 月 20 日前出生的幼狐。成年种狐使用年限在4～5年,5年以上,繁殖力下降。

(一)看 个 体

要求毛绒品质优良,体质外型好;4月龄幼狐体长55厘米以上,体重4 500克左右;成年公狐体长65厘米以上,体重7 000克左右,睾丸发育良好,性欲旺盛,配种能力强,无恶癖,不择偶,每年能交配母狐4～5只,年龄在2～3岁;母狐体长60厘米以上,体重5 500克左右,体长、体重要符合种狐标准。成年母狐应具备发情早、受胎率高、产仔多(初产6只以上,经产8只以上)、泌乳能力强、母性好、仔狐成活率高、无恶癖的特点。当年母狐应选择亲代繁殖力强,遗传性能稳定,本身生长发育良好,性情温驯,同一窝产仔8只以上,出生早的狐。

(二)看 毛 色

蓝色北极狐要求全身浅蓝色,即浅化程度大,毛被无褐色或白色斑纹。白色北极狐要求被毛洁白如雪,不带任何杂色,底绒灰色。皮面要求针毛略长于绒毛、丰满、有光泽,无弯曲,狐皮成熟时针毛长度在40毫米左右,针毛占总数量的2.9%以上。绒毛色正,长度在35毫米左右,密度适中,使毛皮外观平齐呈灵活感,留种母狐毛质与公狐毛质同等重要。

(三)看 遗 传

幼狐应具有清楚完整的系谱,双亲具有较优良的遗传特性,遗传性稳定。成年狐应具有优良的遗传性能,遗传力高,遗传稳定,经后代测定其后代的生产性能和遗传性能优良。

根据后代的毛绒品质、产仔性能来考察种狐的品质、遗传性能、种用价值等。常用后代与亲代比较、后代之间比较、后代与全群平均生产指标的比较方法。

随着育种工作的发展,选种工作越来越被人们所重视,由原来“群选”现在逐渐转移到“窝选”,即从母狐产仔数量多、仔狐生长发育好、均匀整齐的窝里选留种狐，留种经产母狐应系谱清楚，遗传性能稳定，母性强，泌乳性能好，仔狐成活率高，没有吃仔等恶癖。

二、选种方法

狐的个体选择步骤，分为初选、复选和精选。

（一）初期选种

母狐产仔和断奶后，应根据母性强弱，泌乳量多少，产仔的成活率及仔狐生长发育状况来定，应选择母性温驯、乳汁充足，同窝产仔在 8 只以上及仔狐健壮，成活率高的经产母狐和仔狐留做种狐。

（二）中期复选

当幼狐生长至 4 个月龄体重达 4 500 克时，主要看幼狐生长发育水平。在初选群中选择体格大、毛色纯、两眼有神、食欲旺盛的经产母狐和仔狐继续培养留做种狐用，复选淘汰的狐放入取皮狐群中饲养。

（三）后期精选

一般在 11 月下旬取皮时进行。在复选群中应根据种狐标准选无褐色毛和杂毛，银色毛强度大，针毛稠密而有光泽，绒毛不缠结，12 月份体重应达 7 000 克以上，换毛早，食欲旺盛的公、母狐留做种狐。精选应优中选优，选出的优良公、母狐，应加强饲养，控制好体况。

三、狐的选配

选配是选种的继续，就是选择合适的公狐与合适的母狐进行配种，繁殖出理想的后代。例如，把具有相同优点的公、母狐交配，使其后代能巩固或提高双亲固有的优良性能；也可以选择具有不同优点的公狐和母狐交配，使两者优点结合起来遗传给后代，使后代尽快提高品种质量，有时也可能产生新的优良后代。选配必须掌握以下原则。

（一）纯种繁育

也叫本品种选育，一般指在本品种内部，通过选种、选配和品系繁育手段，改善本品种结构，以提高该品种性能的一种方法。它的含义较广，应用时也比较灵活。

目前，我国饲养的狐多数是从国外引进的品种，其生产性能已达到很高的程度，体质和毛色也比较优良，选配的目的是要保持和发展本品种原有的独特优点和特有的性能，克服本品种的缺点。选配时，要严格控制近交程度，避免近交衰退现象的出现。

（二）杂交繁育

杂交繁育就是通过两个或两个以上品种的公、母狐交配，丰富和扩大群体的遗传基础，再加以定向选择和培育，经过3～4代选育后，可达到预定目标，形成新品种。参加杂交的品种要有生产性能好、抗病力强、体型大等优点。为使杂交后代的优良性能及特点得到巩固和发展，应保证培育及饲养条件，对杂交后代的饲养水平要一致，要严格按选种指标选种。当杂交后代各项指标达到要求时，要及时进行优良性状固定工作。

1. 简单的杂交育种　是通过两个品种杂交来培育新品种的方法。由于用的品种少，遗传基础相对比较少，获得理想类型和稳定其遗传性比较容易，所以需用的时间较短，但在培育前需要设计杂交培育方案，选用的品种其遗传基础要清楚，杂交方式、培育条件及整个工作内容都要有一个完整的设计方案，这样有助于目标的完成。

2. 反复杂交育种　是多品种杂交培育新品种的方式。由于遗传基础较多，杂交变异范围较大，需要的培育时间也长。以哪个品种为主，使用另外哪几个品种及其先后，都要经过认真评估或经过试验后确定，因为后使用的品种对杂交后代作用较大。

因此，选好种公狐，对提高母狐的受胎率、多产仔、产好仔有非常重要的意义，是直接关系到养狐者经济效益的大问题。

第五章 北极狐的消化器官及饲料

对人工饲养北极狐来讲，饲料是其获得营养物质的源泉。北极狐在维持自身的生命运动、繁殖后代过程中，必须源源不断地从各种饲料中汲取各种不同营养物质，以供给自身的新陈代谢消耗的物质。在养狐实践中已证明，饲料的供给与组成如何，对北极狐的健康、繁殖和毛皮质量有很大影响。所以，要根据北极狐的消化特点和各个不同生长时期对各种营养物质的需要，为其合理配制饲料，确保北极狐对营养物质的需要，以提高生产水平，是获得最好经济效益的前提。

第一节 北极狐消化器官解剖及生理功能

为了解北极狐消化器官的生理特性，有必要将消化器官的主要特征和功能，用解剖的方式作以简单的叙述。

消化器官由消化道和消化腺两部分组成。消化道由口腔、咽、食管、胃、小肠、大肠、肛门等器官组成；消化腺包括唾液腺、肝脏和胰腺等。

消化道有运动功能，可摄取、磨碎和搅拌食物，并与消化液充分混合后，随消化道的不断蠕动将食物送向胃、小肠、大肠等消化吸收其营养成分，最后通过肛门将残渣等排出体外。

一、口 腔

北极狐口裂较大，颊部较短，黏膜平滑，门齿短小排列整齐，犬齿细长尖锐，臼齿结构复杂，前臼齿较发达，后臼齿坚固有力，共 42 个牙齿，其中切齿 12 个，犬齿 4 个，前臼齿 16 个，后臼齿 10 个。

$$齿式=\frac{3.1.4.2}{3.1.4.3}\times 2=42$$

舌宽而扁，舌面上布满丝状乳头肌，中间有道浅沟线，舌系带发达，舌下腺位于口腔底黏膜深处。

口腔功能是撕碎、搅拌食物，善吞咽不善咀嚼，味觉不敏感，食物的适口性是由嗅觉来鉴别的，同时由唾液腺分泌的唾液来混合食物，促进食物消化。

二、咽

北极狐咽喉是由黏膜腺和肌质构成的内脏器官，位于口腔后端、食管前端，为呼吸道与消化道的交叉口。上与鼻腔相通，下与食管相通，咽腔内有软咽弓。

咽的功能是协调口腔吞咽食物和呼吸气体的活动，起重要的分隔作用。

三、食　管

北极狐的食管是由黏膜和肌质构成的管道，上接咽部，下接胃的贲门，位于气管的背面，基本与气管并行，全长约 40 厘米。

食管的功能是在口腔、咽部的协助下蠕动，将食物送入胃里。

四、胃

北极狐的胃为单室，胃壁很薄，有弹性，像条弯曲的袋子，胃腔可容积食物 500～1 200 毫升。胃位于上腹腔前端偏左，贴近肝脏的内面。胃的入口为贲门，上接于食管，出口为幽门与十二指肠相连，靠一条宽长韧带与肝、脾连接，胃黏膜上有胃腺，能分泌出透明无色的胃液。胃液是一种酸性的黏液，有很强的杀菌能力。

胃的功能是暂时贮存食物，将食物与胃液等一起反复搅拌研磨呈糊状，这种糊状食物也称食糜。在胃的蠕动下将食糜通过排空进入十二指肠，并通过胃腺分泌出胃酸、黏液和胃蛋白酶，提供酸性环境，杀死和抑制细菌，使食物中的蛋白质易于消化，并被胃黏膜初步吸收。胃酸进入小肠内可促使胰液和胆汁的分泌。胃蛋白酶把蛋白质再分解为氨基酸，胃能将食物在 5～6 小时内排空。

五、肠 管

北极狐的肠管全长约 245 厘米，为体长的 4.1 倍，分为小肠和大肠。食物在胃肠道中 16～18 小时后全部排出体外。

（一）小 肠

小肠上端接于胃的幽门，下端与大肠相连，全长 195～200 厘米，约占总肠管的 82%。小肠依次分为十二指肠、空肠、回肠 3 部分。三段无明显区别，大部分盘曲在腹中下部。胆总管和胰腺导管开口处在距幽门 3.5 厘米及 10 厘米的十二指肠壁上，十二指肠壁上有乳头，乳头内有括约肌，可控制胆汁和胰液的排出，小肠黏膜有大量小肠腺分泌小肠液。

小肠是食物消化和吸收的主要器官。胆汁、胰液及小肠黏膜分泌的肠液都汇集在小肠内，对食物进行消化。胰液和肠液中的淀粉酶以及肠麦芽糖酶能使淀粉分解成葡萄糖，胰蛋白酶和肠肽酶能使蛋白质分解成氨基酸，胰和肠的脂肪酶能使脂肪分解成甘油和脂肪酸。由小肠黏膜把它们吸收到血管和淋巴管中去。胆汁中的胆盐有乳化脂肪，帮助脂肪消化吸收，并促进脂溶性维生素 A、维生素 D、维生素 E 吸收的作用。胆汁中的胆红素排入肠道，经肠道排出体外。

（二）大　肠

分为结肠和直肠两部分，盲肠已退化，只剩下约 4 厘米的遗迹。大肠在小肠的外围，全长 42～43.5 厘米，约占肠管全长的 18%，结肠前端连接于回肠，直肠后端连接于肛门。

大肠功能是吸收食物残渣中的水分，使食物中残渣浓缩成粪便，并分泌大肠液润湿粪便，保护大肠黏膜使粪便顺利通过肛门排出体外。肛门附近有一对肛门腺，能排出难闻气体。

六、唾 液 腺

唾液腺包括腮腺、颌下腺、舌下腺 3 对腺体。腮腺位于耳前下方，腺管开口于颌上第三臼齿的侧颊部；颌下腺位于下颌骨体的内面；舌下腺位于口底黏膜深部，其导管与颌下腺管共同开口于舌下黏膜处。

唾液腺的功能是分泌唾液，把食物湿润，利于口腔吞咽。唾液内含有唾液淀粉酶，有利于消化食物，还有杀菌清洁口腔的能力。

七、肝

北极狐的肝脏很发达，成年狐肝重 160～180 克，呈紫红色，共分 6 叶。位于腹腔最前部，横膈膜的后方，胃和十二指肠的背面，偏于狐体右侧。在肝的后腔静脉沟两侧，有冠状韧带与横膈膜相连。在肝的右内叶和方形叶之间有黄绿色胆囊，胆囊内贮存的胆汁是由肝脏分泌的，进食时胆囊收缩，奥狄氏括约肌松弛，胆汁即通过胆总管流入十二指肠内，参与对食物中脂肪的分解与吸收。

肝脏的功能是参与对机体生命活动所需的蛋白质、血糖、脂肪的新陈代谢，解除有毒物质，贮存脂溶性维生素。肝脏是转化和供应热能的重要器官，对北极狐体内的消化代谢和血液循环起着极为重要的作用。

八、胰

胰位于左上腹，贴于后腹壁，胰头被十二指肠环抱，胰体横向右方，胰呈窄而长不规则偏带状，长约 10 厘米，重10～12 克，呈紫灰色，胰中央有横行胰管与胆管相汇合。

胰的功能是分泌碱性胰液，中和进入小肠的胃酸，为胰蛋白酶、脂肪酶、胰淀粉酶提供碱性环境，充分发挥其在促进食糜中的消化功能。

消化系统的各个器官完成消化功能是相互协作配合的，使食物被狐体消化，吸收其精华，排泄其残渣。这一系列功能都是在神经、体液系统调节下进行的。

第二节　北极狐的饲料与营养

北极狐饲料种类繁多，所含的营养物质也各不相同。根据饲料中所含营养物质的不同可分为：水分、蛋白质、脂肪、碳水化合物、维生素、矿物质六大类。按化学成分分类，常量营养成分的含量多用百分比表示，微量成分的含量常用毫克或毫克/千克表示。饲料的化学组成见图 12。

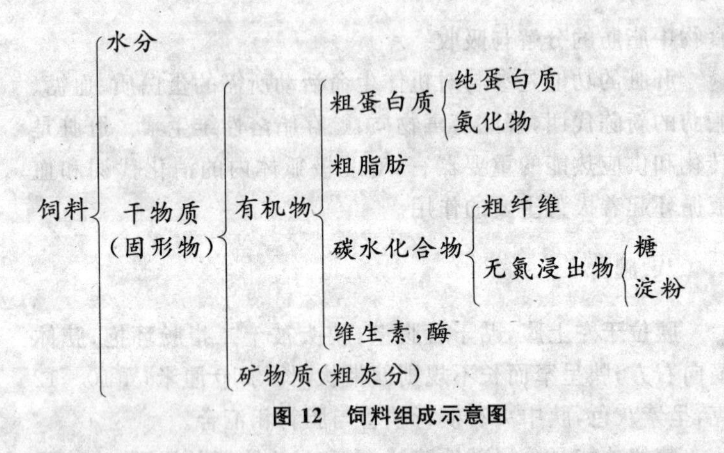

图 12　饲料组成示意图

一、水　分

水分是北极狐生存的必需的营养物质。水分中含有多种矿物质,是构成狐体的重要组成部分。北极狐体内的水分大部分与蛋白质结合形成胶体,使组织细胞具有一定的形态、硬度和弹性。水分是体内生理反应的良好的媒介和溶剂,并参与体内物质代谢的水解、氧化、还原等生化过程。还参与体温调节,对维持体温恒定起着重要作用。体内营养物质代谢的运输或排泄,也主要通过血液中的水,借助于血液循环来完成。此外,水分还起着润滑作用。

饲料中的水分和饮水是北极狐体内水分的主要来源。成年北极狐体内水分约占体重的 65%,初生仔狐体内水分约占体重的 85%。北极狐可在体内失去全部脂肪和半数以上的蛋白质而活着,而失去 1/10 的水分就会导致死亡。当北极狐饮水不足时,精神抑郁,食欲不振,体重减轻,公狐射精量减少,母狐泌乳量降低,因而水分对北极狐的健康生长有着特别重要的意义。幼狐缺水时生长发育受阻,新陈代谢不能正常进行。在日常生产中必需保证北极狐对水的需求，这对维持狐体正常生理功能有着重要的意义。

二、蛋 白 质

蛋白质是北极狐生命活动的物质基础。蛋白质中含有碳、氢、氧、氮，同时还含有硫，少量磷、铁、铜、碘等微量元素。蛋白质是狐体细胞中的重要组成部分，在北极狐生命活动过程中具有特殊重要的作用。蛋白质是狐体内氮的惟一来源，是脂肪、碳水化合物两种营养物质不能代替的。蛋白质是由多种氨基酸组成的，北极狐体内蛋白质的需要实际上是氨基酸的需要。

北极狐皮板、毛绒、肌肉、血液、内脏和生殖器官等都是以蛋白质为主要成分构成的。蛋白质是狐体内的功能物质，在生命活动和新陈代谢中起催化作用的酶，起调节作用的激素，起防御功能和提高抗病力的免疫体，都有蛋白质的参与；各种细胞增长、修补、更新也离不开蛋白质；蛋白质也是狐体内热能的重要来源，在体内营养不足时，蛋白质可分解产生热能，用来维持狐体内正常的代谢活动。在蛋白质过剩时，可转变为脂肪，作为能源贮存起来。1 克蛋白质在狐体内氧化可产生 18.83 千焦的热能。蛋白质广泛存在于动物的肌肉、肝脏、乳、蛋及新鲜鱼类中。植物中豆类及豆饼中的蛋白质含量也较高。

饲料中蛋白质不足时，将会使北极狐体内蛋白质代谢不平衡，引起食欲下降，生长缓慢，体重减轻。公狐表现出性欲降低，精液减少；母狐表现出发情异常，不受胎，即使母狐受胎胎狐也会发育不良，死胎较多；成活的幼狐发育受阻，体型短小，毛稀，导致体质下降。但饲料中蛋白质含量过高，既不经济，也会引起体内代谢紊乱，还会损害心、肝、肾等器官的正常功能，常引起消化不良等症。北极狐饲料中必须按比例供应动物性饲料，以满足其对各种必需氨基酸的需要。实践证明，各种必需氨基酸对狐的生长、繁殖和毛皮质量有着特殊的重要性。

三、脂 肪

脂肪也称真脂或甘油三酯，主要分布在皮下层和各内脏之间的大、小网膜中。脂肪是不含氮的营养物质。

北极狐采食饲料中的脂肪，在小肠中经胆汁、胰液和肠液的消化，分解为甘油和脂肪酸，被小肠壁黏膜直接吸收进入血液中，血液中的脂肪与蛋白质结合产生脂蛋白再输送到各个组织中被氧化利用，多余的可转变为体脂肪贮存于脂肪组织中。当狐体内需要时，很快转化为热能被利用。1克脂肪在体内氧化可产38.91千焦热能。脂肪也是脂溶性维生素的溶剂，维生素A、维生素D、维生素E、维生素K等都要先溶于脂肪后，才能被机体消化、吸收、利用。脂肪网膜可保护内脏器官以免相互摩擦受损，皮下脂肪可增减体内散热量，来维持体温恒定，又可滋润皮板，滋润毛绒柔软发亮，还可抵抗有害微生物对皮板的侵蚀，起保护皮板的作用。

北极狐饲料中脂肪含量不足时，会使体内脂溶性维生素缺乏，导致母狐受胎率低，产仔少，仔狐生长发育缓慢，幼狐因营养不良而停止生长。因此，在日常生产中根据北极狐不同的生长时期，在饲料中适量添加动物性脂肪，对狐生长发育和提高毛皮质量有很大益处。

四、碳水化合物

碳水化合物（糖类）是另一类不含氮的营养物质。它包括无氮浸出物和粗纤维两大类。广泛来源于各种植物的根、茎、籽实中。北极狐对植物性饲料消化过程中，主要对无氮浸出物中的淀粉和糖类进行消化吸收利用。粗纤维不能被消化吸收利用，但它在消化道蠕动中起推动作用。碳水化合物在狐体内氧化产生热能，用来作为北极狐呼吸、血液循环、消化吸收、内分泌、维持体温和各个器官活动及运动时的能量来源。多余的碳水化合物在体内转变成脂肪贮存起来，当体内热能不足时再利用。1克碳水化合物在狐体内氧化可产生17.15千焦热能。

碳水化合物是狐体中热能的主要来源之一，当饲料中碳水化合物不足时，就开始动用体内贮存的脂肪或蛋白质转化为热能供狐体所用。这时狐体变瘦，体重减轻，配种期公、母狐过于瘦弱会严重影响繁殖；母狐泌乳期和泌乳高峰阶段将要缩短；仔狐死亡率会增高。对于碳水化合物在狐饲养中的重要性，饲养人员应在生产中给以足够重视。

五、维 生 素

维生素也是一类重要营养物质。它们在狐体内含量微少，不参与各器官中的结构成分，也不产生热能，只是以辅酶和催化剂的形式广泛参与体内代谢，起着促进和调节生理功能的重要作用。

维生素可分为两大类：脂溶性维生素和水溶性维生素。脂溶性维生素有维生素A、维生素D、维生素E等种类。水溶性维生素包括B族维生素与维生素C等。除脂溶性维生素E外，供给量过多容易发生病变，如脂肪肝等症。所以在日常配制饲料时，要适量供给各种维生素，不能过量，这样才能使饲料营养全价，狐的机体健康才有保障。

六、矿 物 质

矿物质是北极狐营养中的另一类无机营养物质。北极狐体内的主要矿物质有钙、磷、钠、钾、氮、硫等，以及微量的铁、铜、钴、硒、锰、锌、碘等。它们在狐体内含量虽少，但也具有相当重要的生理功能和代谢作用，广泛分布在体内各组织结构中，例如：骨骼、牙齿是由大量固体状钙、磷构成的，血蛋白中有铁的成分，各种酶、激素及维生素都含有铜、钴、硒、锌等多种矿物质，并能维持酶的活性。甲状腺中有碘的成分，除钙、磷等固定在骨骼、牙齿中外，其余的矿物质与蛋白质结合以游离状态存在于各种组织器官中，不管以任何形式结合和转移都始终在动态中保持平衡。矿物质在北极狐体内不能相互代替，也不会相互转化。饲料中钙、磷不足时，会出现母狐产仔后发生四肢瘫痪，泌乳量减少；新生仔狐骨骼纤细，体质软弱，无吮乳能力；幼狐骨骼生长发育不良，四肢粗短而外撇，不能正常走动。钠、氯不足时，食欲减退，甚至造成消化功能的障碍等症。平时在日常饲料中添加适量骨粉和食盐，就可满足北极狐对钙、磷、钠、氯的需求，其他矿物质在饲料中有一定含量，一般能满足其需求，不需另外补充。

第三节　饲料的种类及利用

在饲料分类上，由于北极狐饲养量快速发展，饲料资源也不断扩大，品种也不断增加。根据已使用的饲料可分为三大类，即动物性饲料、植物性饲料、添加剂饲料（表 10，表 11）。

表 10　北极狐饲料的分类与种类

分　类		包括种类
动物性饲料	鱼类饲料	各种海杂鱼和淡水鱼等
	肉类饲料	各种畜、禽和狐、貉、貂、兔肉等
	鱼肉副产品饲料	各种畜、禽和水产品加工的下脚料及胎羔等
	干动物性饲料	干鱼、鱼粉、骨粉、羽毛粉，蚕蛹等
	乳蛋类饲料	牛羊奶、牛奶粉、鸡鸭蛋、照蛋、毛蛋
植物性饲料	农作物饲料	玉米、大麦、小麦、荞麦、大豆、黑豆、花生、芝麻等
	副产品饲料	大豆饼、花生饼、麦麸、细米糠等
	果蔬类饲料	各种瓜果蔬菜、野菜、中草药等
添加剂饲料	维生素饲料	麦芽、鱼肝油、棉籽油、维生素 A、维生素 E、维生素 B_1、维生素 C 等
	矿物质饲料	骨粉、骨灰、食盐及微量元素混合剂
	抗菌饲料	饲料用的土霉素、氯霉素、氟哌酸等
	抗氧化饲料	抗生素类、维生素 E、羟丁酰茴香醚(BI-IA)、羟丁酰甲苯(BI-11)、维生素 C 等
	干粉配合饲料	优质鱼粉、肉骨粉、肝粉、血粉为主，配合各种豆、谷粉及氨基酸、矿物质、维生素等合制而成

表 11　北极狐常用饲料营养成分表　(克/100 克饲料含量)

饲料种类	水	粗灰分	可消化的			代谢能(千焦)
			蛋白质	脂　肪	碳水化合物	
玉米粉	14.0	1.3	6.5	3.2	47.5	1067
大麦粉	12.0	1.8	8.5	4.7	45.3	1109
小麦粉	14	1.6	7.8	1.2	48.1	1025
大豆粉	8	4.5	20.3	10.3	13.3	1025

续表11

饲料种类	水	粗灰分	可消化的			代谢能（千焦）
			蛋白质	脂肪	碳水化合物	
小麦麸	12.8	6.2	6.2	1.5	15.2	439
大豆饼	13.3	5.2	76.2	5.6	19	1046
花生饼	10.4	6.1	30.7	4.3	18.5	986
菜籽饼	7.3	7.4	24.1	5.3	8.5	819
葵花籽饼	6.3	8.6	27	5.2	11.5	899
大白菜	94.0	0.7	1.4	0.1	3.0	79
小青菜	96.0	0.8	1.1	0.1	2.0	54
油　菜	92.0	1.4	2.0	0.1	4.0	105
甘　蓝	93.0	0.8	1.3	0.3	4.0	100
胡萝卜	89.0	0.7	1.0	0.4	8.0	167
南　瓜	89.1	0.7	1.1	0.5	5.0	125
马铃薯	75.0	1.6	1.9		15.7	305
番　茄	96.0	0.4	0.6	0.3	2.0	54
西葫芦	97.0	0.5	0.6		2.0	42
菠　菜	93	2.0	1.5	0.2	1.4	58.5
莴　苣	93	0.9	1.5	0.4	2.1	79.5
海杂鱼	80.7	0.9	12.4	2.0		314
黄花鱼	80	0.9	15.8	0.4		326
比目鱼	79	1	18.1	1.4		393
红娘鱼	80	0.6	12.3	0.8		246
青　鱼	65.5	2.2	16.5	13.2		418
淡水杂鱼	82.0	1.4	12.4	1.4		284
鲫　鱼	85	0.8	12	1		263

续表 11

饲料种类	水	粗灰分	可消化的			代谢能（千焦）
			蛋白质	脂肪	碳水化合物	
泥鳅	23.5	2.2	19.8	2.5		439
白鲢	86	0.8	1.2	1		263
鲶鱼	80	1.9	14.8	1.6		343
鱼粉	2.0	30.0	49.0	3.2		961
病猪肉	71.4	1.5	23.1	20		607
狐狸肉	68.8	4.2	12.5	31.9	0.7	1484
貉子肉	65.4	4.2	16.5	11.7	0.6	769
水貂肉	63.3	5.0	18	12		799
兔骨架	72.2	10.4	10.6	3.4		334
鸡鸭骨架	66	44	10	5		376
鸡头	72.1	6.5	12.1	7.6		385
各种胎羔	15.9	1.2	19.3	5.7		585
鸡肝	75.5	0.6	19	5		544
鸡肠	75.5	0.6	8.5	3.6		292
猪肝	74.4	1.5	17.3	3.3		5020
猪血	80	1	16.2	0.2		314
猪脑	79.5	1	8	8.6		481
熟脂肪				90		3512
鸡蛋	74.5	1.0	10.8	9.2	0.4	568
熟毛蛋	69.5	8.1	17.1	9.6		669
牛奶	87.6	0.7	3.1	3.5	3.3	251
羊奶	87.0	0.9	3.4	3.7	4.0	276
奶粉	5.0	6.0	23.0	24.0	33.0	1927

一、动物性饲料

动物性饲料主要来源于各种动物的本身及其副产品，如鱼类、肉类、禽蛋类、蚕蛹等。动物性饲料蛋白质含量丰富，蛋白质中的氨基酸组成良好完善，是北极狐每日饲料中不可缺少的饲料。

（一）鱼　类

鱼类饲料是北极狐动物性蛋白质的主要来源之一。鱼类喂北极狐适口性强，营养价值高，100 克新鲜海杂鱼含可消化蛋白质 10～15 克，热量为 292.88～376.56 千焦。新鲜海杂鱼可生喂，有毒的河豚、马面豚和有毒卵不能使用。大部分淡水鱼中含有硫胺素酶，可破坏维生素 B_1，长期生喂淡水鱼，易引起维生素 B_1 缺乏症，有厌食现象，生长发育不良，甚至死亡，因此在喂淡水鱼时，应煮熟再喂，煮熟后能破坏硫胺素酶。同时，因淡水鱼腹中有寄生虫，应煮熟再喂。各种鱼类可占每日饲料量的 40%～50%。

（二）肉　类

肉类饲料是北极狐营养价值高的全价蛋白质的重要来源。肉类饲料中含有与北极狐体内相似数量和比例的全部必需氨基酸，同时还含有脂肪、维生素和矿物质等营养物质。很多肉类可使用，一般多用残次肉等。各种肉所含的营养各异，牛马猪兔肉中都含可消化蛋白质 18%～20%，含脂肪5%～5.6%，各种新鲜肉可尽量生喂，普通病猪肉需经高温处理再喂，这样适口性好，蛋白质消化率高。任何情况下都不能生喂病猪肉和变质肉类。禁止用狐肉来喂母狐，以防母狐产后吃仔。

期母狐禁止喂毛蛋。

7. 蝉虫、蚕蛹 蝉虫、蚕蛹是北极狐优质的动物性蛋白质饲料，按干物质计算含粗蛋白质 55%～60.5%，脂肪 16%～21%，矿物质 1.28%，但蝉虫、蚕蛹的硬皮不能被北极狐消化吸收，而且易变质，应煮熟后绞碎再拌入其他饲料中一起饲喂。

二、植物性饲料

主要来源于各种农作物籽实及副产品和瓜果蔬菜等饲料。

(一)谷物类及副产品

指玉米、小麦、大麦、麸皮、青糠等。各种谷物类饲料中淀粉含量高，是北极狐所需的能量饲料。玉米含粗纤维 2%～2.5%，粗蛋白质 6.5%，粗脂肪 3.2%左右。小麦中粗纤维占 10%以上，粗蛋白质 10%～11%。麸皮粗纤维含量 10%～12%，粗蛋白质 12%～18%，含钙量低，而含磷、维生素 E、B 族维生素都较丰富。玉米、小麦、麸皮、青糠都应粉碎制熟后饲喂。

(二)豆类及油饼类

指大豆、黑豆、芝麻、豆饼、花生饼及芝麻饼等。各种豆类及油饼的粗蛋白质含量在 39%以上，粗脂肪含量 10.7%，粗纤维含量在 10%以上，B 族维生素含量丰富。芝麻及饼含蛋白质约 40%，赖氨酸 1.37%，在饲料中加少量芝麻，对提高蛋白质的利用率和毛皮质量有明显效果，并能防止自咬病的发生。饲喂量可占每日饲料的 3%～5%，最好现磨碎现喂，效果良好。

谷物类与豆类饲料应磨细制熟成窝窝头、饼子或粥，力求品种多样化，有利于被狐消化吸收，发霉变质的谷物和豆类绝对不能用来喂狐，以防引起食物中毒。

(三)瓜果蔬菜类

指冬瓜、南瓜、黄瓜、西瓜皮、西葫芦、次苹果及各种青菜、胡萝卜、马铃薯，以及蒲公英、车前、马齿苋等。这类饲料能供给北极狐所需要的维生素 E、维生素 K 和维生素 C 等。同时，能供给可溶性的无机盐并促进食欲及母狐发情、胚胎发育，对泌乳、幼狐生长发育都有着良好的促进作用。各种青饲料饲喂前应洗干净，适合生喂，可占每日饲料量的 5%左右。

三、添加剂饲料

在北极狐的饲料中常用的添加剂饲料有维生素、矿物质、抗生素和抗氧化剂等。添加剂饲料主要是补充维生素、矿物质的饲料。由于野生北极狐人工饲养后，为保证它的繁殖力、生长发育及提高其抗病能力，必须充分满足各种营养物质的需要，特别是添加剂饲料。

(一)维生素类

可分为脂溶性维生素和水溶性维生素两大类。脂溶性维生素有维生素 A、维生素 D、维生素 E、维生素 K 等，水溶性维生素包括 B 族维生素及维生素 C。

1. 脂溶性维生素

(1)维生素 A　又叫抗干眼病维生素，它可促进细胞的增殖和生长，保护各器官上皮组织结构的完整和健康，有促进幼狐骨骼正常发育和增强适应外界环境的能力及提高对各种疾病的抵抗力，可提高母狐产仔率和仔狐成活率。缺乏维生素 A 时，会影响仔狐正常发育，表皮黏膜上皮角质化，眼角膜上皮变性，严重影响母狐繁殖力及毛皮品质。

成年北极狐每日每只应在饲料中补给 2 000 单位维生素 A 或鱼肝油、蛋黄和各种动物的肝脏。野菜中所含的 β-胡萝卜素可在狐体内转化为维生素 A。

(2)维生素 D　又叫骨化醇，抗佝偻病维生素，对北极狐各个时期都非常重要。它有利于加强狐体对钙、磷的吸收，调节血液中钙、磷代谢的平衡，促进骨骼的形成。缺乏维生素 D 时，不仅会出现仔狐软骨症，还会严重影响母狐繁殖性能。北极狐所需要的维生素 D，主要来源于鱼肝油、肝脏、蛋黄、奶类及其他动物性饲料。只要平时饲料新鲜，一般不需要另外补给。但在母狐繁殖和幼狐生长期对维生素 D 需要量增大，需每日每只在饲料中补给不少于 1 500 国际单位。另外狐皮板和毛绒上含有 7-脱氢胆固醇，经阳光照射后能转化为维生素 D 而被吸收利用。

(3)维生素 E　又叫抗不育维生素，即生育酚。维生素 E 对北极狐两性器官的发育有良好作用，能使性细胞正常发育，提高繁殖性能。缺乏维生素 E 时，公狐睾丸发育不全，精子活力降低，性功能降低；母狐影响胎盘和胚胎的发育，最后胚胎被吸收消失；仔狐易患脑软化症，衰弱、无吮乳能力，死亡率高。生长发育正常的北极狐秋季突然死亡，也应考虑到维生素 E 的不足。维生素 E 广泛存在于大麦芽及各种青菜中，特别是南瓜中含量较多。平时饲料中每日每只补充维生素 E 10 毫克，就可以满足需要。妊娠期为了保胎，应在配种结束后就开始增加到每日 20 毫克，能收到良好效果。

2. 水溶性维生素　包括 B 族维生素和维生素 C。下面介绍如下几种。

(1)维生素 B_1(硫胺素)　是碳水化合物代谢所必需的物质。北极狐体内不能合成，全靠从每日供给的饲料中来满足需求。缺乏时会出现食欲减退，消化不良，生殖器官萎缩，后肢麻痹，颈强直震颤等多发性神经炎症。严重缺乏时，还会引起自咬病和食毛症，使北极狐毛绒蓬乱无光，四肢无力。维生素 B_1 在酵母中含量丰富，麦芽、青糠、油饼、奶蛋类饲料中含量也丰富。每日每只在饲料中供给维生素 B_1 5 毫克即可。

(2)维生素 B_2(核黄素)　是北极狐体内代谢所必需而又容易缺乏的一种维生素。缺乏时，母狐繁殖力下降，仔狐生长发育缓慢，腹泻。维生素 B_2 广泛存在于青菜、酵母、奶蛋类饲料中。在饲料中每日每只供给维生素 B_2 5 毫克可满足其需求。

(3)维生素 B_4(胆碱)　是构成机体细胞卵磷脂的成分，也是幼狐生长发育必需物质。若喂给北极狐低蛋白质、高脂肪的饲料，容易发生脂肪肝，补喂胆碱便可以预防。缺乏时，幼狐生长发育缓慢，成年母狐泌乳量减少。各种动物脂肪中都含有胆碱。

(4)维生素 B_{12}(氰钴素)　可调节骨髓的造血功能，与红细胞的形成密切相关。缺乏时，红细胞浓度降低，神经敏感性增强，严重影响繁殖力。维生素 B_{12} 广泛存在于动物性饲料中，动物肝脏含 B_{12} 较高。平时只要动物性饲料新鲜，一般不会缺乏。

(5)维生素 C(抗坏血酸)　它参与细胞间质的生成及体内氧化还原反应，并具有解毒作用。缺乏时，易发生坏血症，生长停滞，体重下降，关节变软，仔狐易发生红爪病。各种青菜瓜果多汁饲料中含量丰富。

(二)矿物质类饲料

矿物质是饲料中的无机元素。饲料燃烧后的灰分中主要就是矿物质，所以矿物质又叫粗灰分。包括：钙、磷、钠、钾、镁、氯、硫以及一些微量元素铁、铜、钴、硒、锰、锌、碘等。常用的矿物质饲料有食盐、骨粉、蛋壳粉、贝壳粉等。

1. 骨粉 主要是保持北极狐体内钙和磷的平衡，补充北极狐在饲料中获得的钙和磷的不足，对促进狐的生长发育、母狐繁殖和泌乳都有重要作用。钙能维持神经、肌肉的正常生理功能。磷对北极狐骨骼和身体细胞的形成、碳水化合物、脂肪和钙利用以及维持正常的繁殖功能都是必需的。母狐缺钙、磷时食欲减退，产奶量下降，饲料利用率低，严重时母狐产后发生瘫痪，泌乳期缩短，泌乳量减少。仔狐缺钙、磷时骨骼纤细，无力吮乳，腹泻。所以要经常饲喂新鲜碎骨头，以保证北极狐对钙、磷的需要。每日每只补充 2 克骨粉基本上能满足北极狐对钙、磷的需要。

2. 食盐 食盐是北极狐所需要钠、氯的主要来源。钠能调节体内水的平衡，使心脏保持正常生理活动。氯是胃酸的组成成分，可促进食欲，增强消化，对提高蛋白质、糖类、脂肪等的利用有重要作用。饲料中的钠和氯的含量常常不能满足需要，必须通过在饲料中添加适量食盐来补充。食盐还能改善饲料味道，增强适口性，促进食欲。

当饲料中食盐不足时，北极狐食欲下降，生长发育缓慢，泌乳量和乳脂品质都会降低，还会出现异食癖。但食盐量过多会引起食盐中毒，有时还会引起自咬病的发生。所以，食盐用量要适当，成年狐每日每只 0.2～0.3 克，仔狐每日每只 0.1～0.2 克就可满足需要。

另外，各种微量元素，一般情况下在饲料中都能得到满足，不需另外添加。但为了提高产仔率，保证北极狐的特殊需要，可在日常饲料中经常供给矿物质混合添加剂饲料，能提高北极狐产仔率和毛绒质量，增强对疾病抵抗力。

(三)抗生素类

在北极狐的饲料中,经常小剂量地添加土霉素粉和氟哌酸粉,对抑制有害微生物繁殖和防止饲料变质具有重要作用。母狐妊娠、哺乳期正是天气炎热的夏季,饲料易变质,适量供给抗生素,可以防止发生胃肠炎,并能提高饲料利用率和促进仔狐的生长发育,但不能连续饲喂,每周1～2次即可。

(四)干配合饲料

干配合饲料以优质鱼粉、肉粉、肝粉、血粉作为动物性蛋白质的主要来源,配合谷物粉及氨基酸、矿物质、维生素等添加剂配制而成,分为颗粒状和粉状2种。配方中注意了各种营养物质的搭配,保证了营养的全价性,基本上可满足北极狐在各个不同生长发育时期的营养需要,饲喂效果较好。由于干配合饲料成本较低、营养全价、易贮易运、饲喂方便,因此有很高的应用价值。目前干配合饲料在养狐业中已广泛应用,这将对推动养狐业向大规模、产业化生产方向发展起到促进作用。

第四节　狐饲料的品质鉴别

饲料品质对养狐的经济效益有很大影响,所以在喂狐之前对各种饲料品质进行检验,是狐场饲养管理人员的一项重要工作。要认真对来源不清或未经检疫的动、植物性饲料进行严格的饲料卫生检验。现主要介绍全国各地养狐场平时实用的感官鉴别方法。

一、动物性饲料的品质鉴别

(一)肉类品质的鉴别

各种新鲜肉类外观有微干的外膜,肉质透明呈淡红色,质地紧密,用手指按压有弹性,能复原,切开后光滑湿润不黏,气味良好,具有各种肉类所特有的气味。不新鲜的各种肉类,外观失去原有的光泽,表面略有霉气味,质地松软,发黏,用手指按压弹性小,不能很快复原。严重腐败的肉类有腐败气味,不整洁,有黏液。

(二)鱼类品质的鉴别

各种新鲜鱼类外表挺直,完整无损伤,有一层透明黏液,有光泽,有特有的鱼腥味,无异味,眼睛透明,腹部结实不破肚。不新鲜的各种鱼类的鱼体变软、不完整,有灰白色的黏液,无光泽,腹部膨大垂软,有破肚现象,有腥臭味。变质的鱼类破肚现象严重,有恶臭味。

二、植物性饲料的品质鉴别

(一)谷物类饲料的鉴别

对各种谷物性饲料的鉴别主要是看颜色与形状,可通过气味进行鉴别,即用鼻子嗅闻有无腐烂或有无发霉变质的气味。良好的谷物饲料用手触摸时,感觉干燥,没有潮湿或发热的感觉,无发酵,无虫蛀,没有结成团块的现象。已发霉变质的谷物类饲料,绝对不能用来喂狐。

(二)果品、青菜类饲料的鉴别

各种新鲜的果品、蔬菜类饲料都有其原有的光泽和气味,表面润滑,无异味。各种不新鲜的青饲料,色泽晦暗发黄有异味,表面有腐烂现象。检验时还要注意蔬菜的叶面上是否沾有农药。

三、干粉饲料的鉴别

各种干粉饲料也是养狐场的常用饲料，对各种干粉饲料鉴别时，应注意干粉饲料的生产日期、颜色、气味、滋味和干湿度。凡是过期的饲料都会失去原有的颜色，有异味，口尝时有油脂酸败所特有的哈喇味；如果表面有真菌生长，证明这种干粉饲料已经变质，不能用来做喂狐的饲料，防止发生黄曲霉菌中毒。

第五节　狐饲料的配制

由于北极狐在我国养殖时间不长，饲养地区不同，其饲料品种来源也不同。目前，全国各地养狐场还没有统一的饲养标准，各地养狐场可根据当地的实践经验，制定符合本地养狐实际情况的饲料配方。

一、能量的衡量单位

过去我国畜牧业一直把卡(cal)作为饲料能量的衡量单位，常用千卡(kcal)来表示，至今仍有使用。但近年来，国际营养学学会认为采用焦耳更为确切，所以很多国家已开始用焦耳制单位代替过去的卡制单位。根据国家规定和国际统一用法，以后我国畜牧业统一使用焦耳制单位作为营养代谢及生理研究中的能量单位。其互换系数为：

1 卡(cal)＝ 4.184 焦耳(J)

1 焦耳(J)＝0.239 卡(cal)

1 千卡(kcal)＝4.184 千焦耳(kJ)

1 兆焦耳(MJ)＝1000 千焦耳(kJ)或 239 千卡(kcal)

故 100 千卡 ＝418.4 千焦耳或 0.4184 兆焦耳(MJ)

二、各时期营养需要

现将赣榆县毛皮动物研究所在 20 多年养狐实践中摸索总结出的一套适合苏北、鲁东南沿海地区养狐的重量比法饲料配方介绍给读者，供参考(表 12，表 13，表 14，表 15)。

北极狐准备配种期为 12 月份至翌年 2 月中旬，配种期为 2 月下旬至 4 月底，妊娠期为 3 月上旬至 5 月底，产仔哺乳期为 4 月下旬至 7 月中旬，公狐恢复期为 5 月上旬至 7 月上旬，母狐恢复期为 6 月中旬至 7 月下旬，冬毛生长期为 8 月中旬至 12 上旬，幼狐培育期为 6 月中旬至 8 月中旬，取皮期为 11 月中旬至 12 月中旬。

表 12　北极狐各生长时期的划分

	生长时期	类　别	时　间
冬　季	准备配种期	公母种狐	十一月至翌年二月中旬
春　季	配种与妊娠期	公母种狐	二月下旬至五月下旬
夏　季	产仔与泌乳期	母　狐	四月中旬至七月上旬
秋　季	幼狐育成期	留种狐商品狐	七月上旬至九月中旬

(一)饲料配方按重量比法计算饲料单

重量比法是以饲料的重量为计算依据的，先确定每日饲料的重量，然后按各类饲料占整个饲料重量中的比例，计算出各类饲料的重量。这种计算方法简单实用，便于掌握，很适合中小型养狐场和养狐专业户应用。

表 13　北极狐四季饲养标准参照表　（只·日）

月　份	春季(2～4)	夏季(5～7)	秋季(8～10)	冬季(11～1)
热能(千焦)	2010～2383	4210～2710	2299～2884	3010～1882
蛋白质(克)	45～50	70～40	45～55	60～45
脂肪(克)	15～20	75～20	25～35	40～25
糖(克)	20～30	60～40	60～80	100～30
维生素 A(单位)	4000	5000	2000	2000
维生素 E(毫克)	30	30	20	20
维生素 B_1(毫克)	10	10	10	5

(二)赣榆县毛皮研究所大高巅狐场北极狐准备配种期饲料单

1. 可利用饲料　海杂鱼、熟毛蛋、熟鸡肠、鸭架、玉米粉、大豆粉、麦麸、青菜和各种添加剂饲料。

2. 确定总量　确定北极狐在准备配种期饲料供给总量为 420 克，再根据每只种狐的体况、食欲和这个时期既往给量而做上下调整。

3. 拟定各种饲料比例　海杂鱼占 50%，熟鸡肠、鸭架占 25%，玉米占 15%，豆粉、麸皮占 10%，青菜不计算。另外，每 2 日每只补充 1 次骨粉 3 克，酵母 3 克，维生素 B_1 5 毫克，维生素 C 5 毫克，维生素 E 3 000 单位，土霉素 0.5 片，食盐 0.2 克。

4. 计算总热量　计算出海杂鱼 200 克，鸡肠鸭架 100 克，玉米粉 60 克，豆饼、麸皮 60 克，青菜不计算，饲料重量为 420 克；查饲料营养成分表，计算出 420 克配合饲料中含蛋白质 50.3 克，脂肪 15.3 克，碳水化合物 28.5 克，总热能 2 031 千焦，完全符合北极狐准备配种期的营养需要。

5. 计算全群饲料量 用每日每只北极狐所需的各种饲料量乘总只数，计算出全群饲料量。把每日每只北极狐所需添加剂饲料也列表。每日每只供给量早占 45%，晚占 55%，分两次喂，哺育期中午补给适量蛋、肝脏等滋补性饲料，供充足饮水，利于提高泌乳量。

表 14 北极狐四季饲料配方 [单位:克/(日·只)]

饲料品种	春 季	夏 季	秋 季	冬 季
海杂鱼	200～250	600～150	150～250	250～230
鸡肠鸭架	100～100	400～150	150～150	150～80
玉米粉	80～100	300～100	150～220	250～60
豆饼麸皮	40～50	100～50	50～100	100～60
动物脂肪		10	20～30	50
动物血液		20	30～50	50
青菜(不计)	20～20	30～10	20～20	20～20
合 计	420～550	1400～480	550～800	850～400
能量(KJ)	2010～2383	4210～2110	2299～2884	3010～1882
酵母粉	3	3～5	5	5
土霉素粉	0.25	0.2～0.3	0.25	0.25
食 盐	0.2	0.2～0.5	0.2	0.2
维生素 B_1	0.02	0.02	0.02	0.02
维生素 C	0.05	0.05	0.05	0.05
维生素 A(单位)	2000	5000	3000	3000
维生素 E	0.03	0.03	0.02	0.02

注：1. 维生素 B_1、维生素 C，1、3、5/周；2. 维生素 A、维生素 E，2、4、6/周；3. 土霉素、酵母 1～2 次/周；4. 根据不同季节适当调整；5. 每日饲料供应量按早占 45%，晚占 55%，分两次喂；6. 公狐配种期中午供料没计算在内；7. 春季为 2～4 月份，夏季为 5～7 月份，秋季为 8～10 月份，冬季为 11 月份至翌年 1 月份

表 15　北极狐饲料量变动范围 [克/(日·只)]

月份		饲料量	注明
春季	2	400	种狐饲料数
	3	420	种狐饲料数
	4	500	孕狐饲料数
夏季	5	700	产仔母狐平均数
	6	1400	产仔母狐平均数
	7	480	全群平均数
秋季	8	550	全群平均数
	9	600	全群平均数
	10	800	全群平均数
冬季	11	850	商品狐平均数
	12	600	商品狐平均数
	1	400	种狐平均数

三、狐饲料的配制

饲料配制时，首先了解其食性及消化生理特点，解决好北极狐各个生长时期对饲料成分及能量的需要，做到按需供给，科学地配制饲料，保证北极狐从饲料中获得所必需的各种营养物质，从而促进北极狐正常发育，并能提高繁殖力和毛绒质量。

第一，饲料配制要选择适当饲养标准，结合北极狐生长发育、体况、产仔数量和季节性等具体情况，根据日常饲养管理经验，对饲料配制标准可适当及时地进行调整。

第二，充分利用当地生产的饲料，除动物性饲料和特殊的补充饲料外，尽量少用商品饲料，以降低养狐成本，提高经济效益。

第三，饲料要求多样化，营养适当。配制时，要反复搅拌，浓度均匀适中。含维生素和微量元素等特殊饲料，要预先和辅料混合均匀，最后再混入常规饲料中。有相互抵消或有破坏作用的饲料要避开同时使用。

第四，各种饲料要求新鲜、卫生、适口性强，符合北极狐的消化生理特点，饲料中营养成分必须满足营养需要。

第五，饲料调制要求边调制边喂，不能提前调制存放，以防变质造成食物中毒。

第六，各种调料用具，用完都要洗刷干净，定期消毒。

四、膨化饲料的使用

（一）优质膨化配合饲料的优势

第一，改良狐通过喂优质的膨化配合饲料，皮张等级可达0号以上（其中“0”号皮15%、“00”号皮75%，“000”号皮10%）。

第二，饲喂膨化配合饲料，可节约人工、水、电、燃煤、柴等成本费用。另外，可有效防止购买其他变质添加物引起的各种疾病，也减少药物的费用。

第三，例如：使用“中旭”公司生产的狐膨化配合饲料，狐从分窝至取皮（45天离乳，180天取皮，饲养4个半月），改良狐饲料费不超130元（平均每日喂料0.35千克、饲料成本0.95克左右），体重可达13千克以上；地产狐饲料费用不超过110元（平均每日喂料0.3千克，饲料成本0.80元左右），体重可达8.5千克以上。

（二）膨化配合饲料与传统饲喂方式的对比差异

第一，当前养殖业中，普遍存在着对科学利用膨化配合饲料养狐的认识不足以及对饲料配制技术缺乏的问题，以至于造成以玉米为主的自配料，形成吃玉米面拉玉米面的普遍现象（玉米面中75%左右为碳水化合物，而狐对碳水化合物的利用能力只有75%）。

第二，养殖场、户在狐料配制过程中投入鲜鱼、鸡杂、牛肝、鸡蛋、牛奶等，自认为营养很丰富，但由于营养不均衡，仔狐的生长速度并不快，而且产生极大的浪费，更易造成其中某些物质的变质，引起仔狐发生各种营养障碍疾病。

第三，部分养殖场、户对配种前后的种狐饲养缺乏足够的认识，添加大量的鱼、肉、奶、蛋等动物饲料，其结果，一是成本费用增加，并产生极大的浪费；二是能量偏高，导致母狐过度肥胖造成空怀、流产、压胎、乳房炎、产后母狐泌乳不足等问题，严重制约了狐的繁殖和仔狐成活率。

第四，自配料的添加剂添加不全、比例不当（其中狐料所需的主要维生素有13种，微量元素7种），易造成各种营养缺乏症的发生。

第五，膨化饲料与传统喂法，在饲喂量、经济利益、成本、蛋白质含量上的综合比较，具有优势。

（三）膨化饲料的特点

一是满足狐狸各生物学时期的需要，氨基酸平衡好；二是产品抗病力强，可有效预防腹泻，减少代谢疾病；三是提高母狐繁殖力，发情提前10～15天，改良母狐1次配种妊娠率可高达85%以上。通常可提高窝产仔数1～2只，并且仔狐成活率也提高；四是触毛光泽油亮，绒毛浓密，狐皮质量好；五是饲料全部采用优质原料制成，适口性好，有效保证了每日的营养摄入水平；六是饲料膨化工艺先进，营养吸收快，饲料利用率、转化率高；七是生长速度快，日增重可高达150～300克/

（日·只）；八是皮张大，经济效益提高显著。用户实践表明：取皮时间提前15～30天，皮张可增长5～8厘米。

（四）膨化饲料使用方法

第一，使用时用按料重2～3倍的凉水或温水浸泡，浸泡时间一般不超过1小时，也可以即泡即喂，搅拌成黏稠状。

第二，生长期、冬毛期可完全不加鱼或任何鲜料，繁殖期（配种前20天左右）、妊娠期和哺乳期可每日补充鲜鱼（煮熟）或其他肉类0.1千克，以调其适口性防止厌食。

第三，具体喂量可据消化情况或其他要求而定。一般按照体重的5%～6%投饲，体重5千克以下的为6%，5千克以上的为5%。每日每只喂量：生长期250～300克，冬毛期300～600克，繁殖期200～300克，哺乳期300～400克。

（五）注意事项

第一，换料时一般要经过3～4天的过渡期，让狐逐渐适应新的饲料。

第二，配合饲料投喂量按照循序渐进的原则，逐渐增加或减少，以免产生应激或造成消化不良。

第三，应根据仔狐生长情况、种狐膘情以及粪便颜色、形状等诸多因素来确定最佳日投喂量。

第六章　北极狐的四季饲养与管理

在人工养狐全过程中，北极狐的生活环境和所食饲料完全由人来提供。由此，人工为北极狐提供的生活环境和饲料是否能满足其自身生命活动的需要，这对北极狐生长发育、繁殖后代及毛皮质量影响很大。我们应根据北极狐各个时期的生理特点，采用科学的饲养管理方法，把北极狐的生活环境和所需饲料中营养成分调整好，以尽可能地提高生产能力和经济效益。下面把北极狐一年四季不同生长时期和不同的饲养管理方法介绍给读者，供养狐实践中参考。

第一节　北极狐春季的饲养管理

春季大地开始回暖，万物复苏。由于光照周期的延长，北极狐度过漫长的寒冬后，生殖器官开始发育成熟，公狐睾丸内有成熟的精子，母狐卵巢上有成熟的卵细胞，性欲开始增加，食欲有所下降。公、母狐性情十分活跃，时常发出“呱、呱呱、呱……”的求偶鸣叫声。春季北极狐正处于发情配种时期，也是饲养管理上最关键的阶段。

春季饲养管理的重点是使所有公狐都能参加配种，母狐能尽早发情并及时准确地受配，并使其全部受胎。这就要求饲养管理人员具有丰富的专业技术知识和高度的责任心，细心饲养，精心管理，才能获得良好效果。

第一，在饲养上，要求饲料一定要新鲜，营养全面，易消化，适口性强，禁止饲喂腐烂变质的饲料。日粮以动物性饲料为主，植物性饲料及青菜为辅，同时要增加土霉素、骨粉、大麦芽和维生素A、维生素E、B族维生素、维生素C的供给量，促使母狐尽早发情。对性欲强、配种次数多的公狐，每日中午要补喂新鲜的海杂鱼或奶蛋类的动物性饲料100～150克，这样能保持公狐有旺盛持久的配种能力，提高母狐受胎率(表16-1，表16-2)。

表16-1 春季配种期日粮配方 [单位：克/(只·日)]

能量(千焦)	日粮量(克/只)	动物性饲料		植物性饲料		
		海杂鱼	鸡头鸭架	玉米面	豆饼麸皮	蔬菜
2010～2383	420～550	200～250	100～150	80～100	40～50	20

表16-2 春季添加剂饲料配方 [单位：克/(只·日)]

酵母	土霉素	食盐	维生素 B_1	维生素C	维生素A	维生素E
3	0.25	0.2	0.02	0.05	2000单位	0.03

注：1. 维生素 B_1、维生素C，1、3、5/周；2. 维生素A、维生素E，2、4、6/周；3. 土霉素、酵母1～2次/周；4. 根据不同季节适当调整；5. 每日饲料供应量按早占45%，晚占55%，分两次喂；6. 公狐配种期中午供料没计算在内

第二，在管理上，要密切注意母狐外阴部发情变化情况，要掌握母狐发情时机，抓住最佳配种期，及时配种。对已到发情旺期的母狐要及时放对，要遵循看、查、放三结合的发情鉴定方法。看：就是观察母狐发情表现，发情母狐具体表现是尿频、尿量少、食欲减少、兴奋不安、在笼中来回走动。查：就是检查母狐外阴部形态变化情况，发情到旺期，阴门肿胀变松软、外翻呈椭圆形，有乳白色分泌物从阴道内流出。配种要领是"粉红色早，紫黑色迟，暗红色配种正适宜"。抓住配种最佳时期及时配种，才能获得良好的效果。放：就是放对试情，通过公、母狐实际接触，看母狐是否进入发情旺期，同时能避免因隐

蔽发情而漏配。配种主要以放对为主，但放对试情时间不能过长。

第三，春季气温变化大，要做好防春寒保温工作，保障母狐不受寒流侵袭，防止感冒、肺炎、肠炎等疾病的发生。要定期对狐场周围地面、笼网、食具及各种工具进行消毒，及时清除粪便，使场地清洁卫生，做好灭鼠、灭蝇、灭蛆工作，防止各种传染病的发生。

第二节　北极狐夏季的饲养管理

夏季是高温、潮湿季节，此时北极狐正处在妊娠期或产仔哺乳期，公狐也处在休情恢复期。母狐经过配种、妊娠和产仔哺乳，体内营养消耗大，体况普遍下降，体质消瘦，食欲减退，易造成营养不良。因此，在北极狐夏季饲养管理上，重点是搞好防暑降温，采取最高水平饲养，以提高母狐泌乳量，保证仔狐成活率和正常发育，使公狐体质能得到尽快恢复，为翌年的正常配种繁殖打下良好的基础。

第一，在饲养上，力求饲料新鲜，品种多样化，质量全价，供足饮水，以提高母狐泌乳量和乳汁的质量，促进仔狐正常发育成长。日粮中动物性饲料占总数量的70%，谷物性饲料占25%，蔬菜或野菜类占5%，同时在饲料中添加适量的食盐、骨粉、土霉毒及维生素A、B族维生素、维生素C等。马齿苋营养全面，性味甘凉，具有清热解毒、消炎、利尿、止痛等功能。夏季饲喂马齿苋能有效防止因食物变质而引起的中毒和仔狐胃臌胀、出血性胃肠炎，同时也可降低饲养成本（表17-1，表17-2）。

表 17-1 夏季繁殖期日粮配方 [单位:克/(日·只)]

能 量（千焦）	日粮量（克/只）	动物性饲料				植物性饲料		
		海杂鱼	鸡 头	脂 肪	血 液	玉米面	豆饼麸皮	蔬 菜
4210～2110	400～480	600～150	400～150	10	20	300～100	100～50	30～10

表 17-2 夏季添加剂饲料配方 [单位:克/(日·只)]

酵 母	土霉素	食 盐	维生素 B_1	维生素 C	维生素 A	维生素 E
3～5	0.3	0.2～0.5	0.02	0.05	5000 单位	0.03

注:1. 维生素 B_1、维生素 C,1、3、5/周;2. 维生素 A、维生素 E,2、4、6/周;3. 土霉素、酵母 1～2 次/周;4. 根据不同季节适当调整;5. 每日饲料供应量按早占 45%,晚占 55%,分两次喂;6. 母狐哺育期仔狐饲料计算在内

第二,在管理上,因母狐妊娠后期或产仔初期对外界环境变化反应敏感,稍有动静都会引起母狐烦躁不安,常因喇叭、锣鼓、鞭炮声及各种异味、鲜艳服装等都会引起母狐受惊,而造成母狐叼咬仔狐,甚至吃掉仔狐,所以给产仔母狐创造一个安静舒适的环境,是十分必要的。对刚产过仔的母狐,要及时进行检查。日常饲养管理中应采取听、看、查相结合的方法进行检查。听:就是站在产仔箱外听产箱内仔狐的叫声和爪子蹭产箱底声,来判断仔狐是否健康;看:就是看母狐食欲、粪便、乳头及活动情况,来判定母狐护理仔狐情况是否正常;查:就是打开产仔箱检查仔狐数量及健康状况。发现问题及时采取切实可行措施,以提高仔狐成活率。

第三,夏季正值各种病菌繁殖高峰期,故要搞好清洁卫生、驱除狐体内外各种寄生虫,做好防疫灭鼠、灭蝇、灭蛆工作,搞好防暑降温、供足饮水,搭好阴凉棚,防止日晒中暑,及时清除粪便,清洗食具及各种使用工具,绝对不能饲喂霉变玉

米和各种变质的动物性饲料，以保证种狐、仔狐吃饱吃好，健康度过气候炎热的夏季。

第三节 北极狐秋季的饲养管理

秋季天气渐渐凉爽，仔狐分窝后，母狐从繁重的产仔哺乳中解脱出来，体质十分瘦弱，性器官处于萎缩状态，开始进入恢复期。仔狐分窝后开始独立生活，进入育成期。此时在饲养管理工作中，要对经产母狐在恢复期继续采取高标准饲养，使其体质尽快得到恢复；对刚分窝的仔狐饲料要先精后粗，逐渐改变饲养标准，使其获得生长发育所需要的足够营养成分，后期主要以提高狐的膘情为重点。

第一，在饲养标准上，产仔母狐断奶后，不要立即降低饲养标准，至少也要保持 20 天的哺乳期饲养标准，对产仔多、母性强、泌乳质量好的母狐和在配种中发现不择偶、性欲强、配种次数多、精子品质优良的公狐要特殊饲养，有条件的，中午要适量补喂新鲜的鱼肉类或奶蛋类饲料。对刚分窝仔狐应逐渐改变饲养标准，先以精饲料定时、定量，每日 3 次饲喂，让仔狐慢慢适应独立生活后，再采取粗放一些的饲料，以不限量，但要不浪费、不剩食为原则，这也叫“撑大个吊架子”饲养法。日粮中以谷物性饲料为主，动物性饲料为辅，尽量节约动物性饲料费用的投入，又能使其吃饱吃好，体格长到最大限度。日粮配方是各种动物性饲料占 48%，熟制动物脂肪占 2%，玉米粉占 35%，麦麸占 5%，大豆粉占 5%，各种蔬菜占 5%，同时在饲料中添加适量的食盐、骨粉、土霉素粉、维生素 A、维生素 E、B 族维生素、维生素 C 等（表 18-1，表 18-2）。

表 18-1 秋季育成期日粮配方 [单位:克/(日·只)]

能量（千焦）	日粮量（克/只）	动物性饲料				植物性饲料		
		海杂鱼	鲜骨	脂肪	血液	玉米面	豆饼麸皮	蔬菜
2299～2884	550～800	150～250	150	20～30	30～50	150～220	50～100	20

表 18-2 秋季添加剂饲料配方 [单位:克/(日·只)]

酵母	土霉素	食盐	维生素 B_1	维生素 C	维生素 A	维生素 E
5	0.25	0.2	0.02	0.05	3000 单位	0.02

注:1. 维生素 B_1、维生素 C,1、3、5/周;2. 维生素 A、维生素 E,2、4、6/周;3. 土霉素、酵母 1～2 次/周;4. 根据不同季节适当调整;5. 每日饲料供应量按早占 45%,晚占 55%,分两次喂

第二,在管理工作中,要注意在当年母狐产仔多,成活率高的同窝仔狐中选择食欲旺盛、体格大、毛色纯、体质健壮的小公、母狐进行重点培养,留做种狐,同时将产仔少、成活率差、有恶癖及体弱多病的种狐淘汰出种狐群,将其与不能留做种用的商品狐一起饲养,至皮张成熟期宰杀取皮。在平时管理中要经常对全群每一只狐的食欲、粪便、精神、体况等情况进行认真检查,及时发现问题,并随时采取有效措施处理好。

第三,在秋季要用犬瘟热、病毒性肝炎、病毒性肠炎、脑炎等疫苗及时进行逐个防疫接种,并用虫克星药物对狐的体内外寄生虫进行一次性驱除,防止各种病症及传染病的发生。从 11 月中旬商品狐宰杀取皮后,留做种用的狐群转入冬季准备配种期的饲养管理。

第四节 北极狐冬季的饲养管理

冬季,随着光照时间的缩短,天气转冷。北极狐经过一年

的饲养，皮张已成熟，除大部分商品狐被宰杀取皮外，留下小部分经严格精选的北极狐作为种狐。从立冬至翌年配种之前为准备配种期，此期饲养管理的中心任务是：供给少而精的饲料，控制膘情，调整好体况，保证其体内消耗所需要的营养成分，促进内生殖器官的正常发育，获得生命力强的两性细胞，提高北极狐的繁殖力。

第一，在饲养上，前阶段北极狐采食量大，积贮营养为自己越过漫长的寒冬做好准备。因此在饲料供给上，尽可能品种多样化，让狐吃饱长足长壮。后阶段饲养上要注意促进性器官的快速发育和生产生殖细胞，注意营养平衡，控制膘情，调整好体况，使公、母狐体况调整到最佳状态。日粮量为450克，动物性饲料占75%，玉米粉占15%，麦麸占5%，胡萝卜占5%，同时在饲料中加入适量食盐、大麦芽、松针粉、维生素A、维生素E、维生素B_1、维生素C等，饲料分早、晚两次饲喂（表19-1，表19-2）。

表19-1 冬季成熟期日粮配方 ［单位：克/（日·只）］

能量（千焦）	日粮量（克/只）	动物性饲料（%）				植物性饲料（%）		
		海杂鱼	鸭架	脂肪	血液	玉米面	豆饼麸皮	蔬菜
3010～1882	400～850	250～230	180～80	50～0	50	250～60	100～60	20

表19-2 冬季添加剂饲料配方 ［单位：克/（日·只）］

酵母	土霉素	食盐	维生素B_1	维生素C	维生素A	维生素E
5	0.25	0.2	0.02	0.05	3000单位	0.02

注：1. 维生素B_1、维生素C，1、3、5/周；2. 维生素A、维生素E，2、4、6/周；3. 土霉素、酵母1～2次/周；4. 根据不同季节适当调整；5. 每日饲料供应量按早占45%，晚占55%，分两次喂

第二，在管理上，要经常检查种狐体况，因种狐的体况与繁殖力有密切的关系，过胖过瘦都会影响繁殖力。母狐体重控制在 4 500～5 000 克，保持中等体况。公狐体重要在 6 000～7 000 克，保证有上等体况，严格控制向两极发展。检查公、母狐体况时多采用目测、手摸、称重和体重指数相结合的 4 种方法。目测：毛色光亮，体态丰满，行动慢为过肥体况；毛绒粗无光泽，背呈弓形，爱活动，采食量大，后腹明显内陷为过瘦体况。手摸判断以手摸脊椎骨不挡手为标准，摸脊椎骨突出为偏瘦，应提高日粮标准，供给易于消化的全价饲料，供给量以吃饱为准。摸不到脊椎骨为胖，应当控制食量，增加其活动量，改变日粮营养结构，减少含脂肪量高和谷物性饲料，但蛋白质的含量不能降低。称重：在 12 月份和 1 月底各称重 1 次，公狐体重超过 7 500 克为偏肥，不足 3 500 克为偏瘦。

体重指数：配种期母狐体重指数＝体重（克）/体长（厘米）。体重指数以 80～90 为最佳。

例如，一只体长 48 厘米的当年母狐，到 2 月底体重为 4 000～4 500 克，体重指数为 80～91，其繁殖力最高。

第三，冬季必须做好防寒工作。将狐笼移到背风向阳的地方，减少体内热能的消耗，防止因寒流袭击引发流感。还应及时清除笼网上的粪便，防止绒毛缠结。要注意观察狐群的动态，发现问题，及时查清病因，采取有效防治措施，以保证种狐安全健康地度过寒冷的冬季，为翌年春季配种打下良好的基础。

第五节　褪黑激素的应用

在商品狐皮下埋植褪黑激素，能促进其皮毛早熟，为当前人工养狐业最新研究成果。褪黑激素是一种高效的皮毛生长激素，是根据聚合原理研制而得的内含松果体激素制剂(圆柱颗粒状)，其主要原理是松果体腺素中含有一种特有的酶，即羟基吲哚-0-甲基转移酶，能把五羟色胺转化为褪黑激素，从而直接控制皮毛的生长和脱换。我国首先用狐狸做过试验，该药注入商品狐体内后，对狐的生理功能产生影响，新陈代谢水平普遍提高，营养物质吸收加快，狐皮质量普遍提高，促进毛绒早成熟。每年7月份在狐皮下埋植褪黑激素2粒，成年狐的皮毛提前成熟50～60天，幼狐皮毛早成熟40～50天，尤其是白狐皮毛质量提高十分明显，早上市。狐狸褪黑激素的推广应用技术，具有广泛的开发前景和实用价值，它将给人工养狐业注入新的活力，今后将得到普遍的推广应用，产生巨大经济效益和社会效益。

第六节　养狐秘诀

要想养狐产量高，选择种狐最重要。
生理周期调理好，母狐普遍发情早。
饲料配方要合理，微量元素不可少。
VB喂狐食欲旺，VE催情把胎保。
狐场环境要安静，背风向阳要卫生。
冬季种狐调体况，春季母狐六成膘。
发情鉴定要准确，及时配种产量高。
健壮公狐性欲强，配后查精莫忘了。
孕狐营养要全面，新鲜饲料多样化。
产仔母狐勿干扰，保活仔狐是关键。
夏季幼狐撑大个，驱虫防疫促生长。

秋季选优留做种，以备后期再精选。
公狐身长体质壮，母狐温驯要健康。
只有选好种狐群，翌年才能产量高。
认真饲养商品狐，当年效益少不了。
市场信息掌握好，灵活经营有技巧。
饲养管理要严格，责任到人出高效。
努力学习勤钻研，养狐成功靠实践。

第七章　北极狐皮的构造与初加工

饲养北极狐的最终产品是获取狐皮。狐皮质量的好坏与平时对北极狐饲养管理的水平有很大关系。饲养管理水平的高低,直接影响养狐者的经济效益。但狐皮初加工的各环节处理不得当,也会影响狐皮质量,所以在北极狐成熟取皮之前,先了解狐皮的结构、被毛的脱换与其在不同季节中的变化形态,以及季节对狐皮品质的影响是很有必要的。

第一节　北极狐皮的构造

北极狐皮是由皮板和被毛两大部分所组成的,它们是北极狐的外衣,把整个狐体同外界环境隔离开,同时还保持与外界的联系,各自执行着不同性质的保护功能。

一、皮肤的结构

皮肤由表皮层、真皮层和皮下组织 3 部分所构成,它们各有不同的生理功能,皮肤一般厚度为 1.5～2.5 毫米,皮肤的厚度随季节变化而发生变化,狐体各部位皮肤厚度也各不相同。

(一)表皮层

皮肤表皮最薄的一层,可分为角化层和生发层两层,角化层位于皮肤表现是由复层状和完全角化的扁平上皮细胞组成,对于水、酸、碱和有害气体有较强的抵抗能力,起保护狐体的作用。角化层细胞往上升移,就形成较薄的皮屑脱落。生发层是一层扁平形活细胞及含有色素的细胞组成，它具有分裂能力，增生功能旺盛，使细胞不断老化，移到表面的角化层。表皮内有神经末梢，但无血管。

（二）真皮层

在皮肤中间层，也是皮肤最厚的一层，由胶原纤维、弹性纤维和网状纤维交错编织而成。它能使皮肤具有一定的弹性和韧性。真皮层可分为乳头层和网状层，乳头层与表皮层相连，网状层与皮下组织相接，真皮中有毛根、血管、淋巴、神经、汗腺、皮脂腺等。此外，还有色素细胞、脂肪细胞和肌肉组织。真皮层厚度随着被毛脱换而变化。在被毛成熟期，乳头层薄、网状层厚，皮肤薄而紧密、结实耐用；在毛绒脱换期，乳头层厚、网状层薄，皮肤厚而疏松、不耐用。

（三）皮下组织

在皮肤最底层。皮下组织把真皮层与狐的肌体连接起来。皮下组织含有脂肪结缔组织层，起保温和贮存营养的作用。该层在裘皮中无用，在刮油时都被清除掉。

二、被毛的结构

被毛是由触毛、针毛、绒毛 3 种类型的毛所组成，被毛是皮肤上的角质衍生物。毛来自表皮的生发层，是一种坚韧而富有弹性的角质丝状物，被覆盖在皮肤的外表。被毛中形成空气不易流通的保温层，具有良好的保暖作用。

（一）被毛的种类

狐皮上毛由触毛、针毛、绒毛 3 种毛组成，统称毛被，也称被毛。

1. 触毛　位于狐唇部两边，是狐的感觉器官之一，有弹性，毛干直而光滑，起导热、防水、降温作用，其根部有神经末稍，不影响毛皮质量，起测距、定向作用。触毛数量极少。

2. 针毛 位于绒毛中间，比绒毛长，呈纺锤形和披针形，针毛长于绒毛有弹性，数量约占被毛的 3%左右，起导热和保护绒毛不缠结等作用。

3. 绒毛 比针毛短而细，是最柔软、最细的毛，颜色较浅，毛形变曲，毛色一样，数量最多，约占被毛的 98%左右，冬季北极狐臀部被毛密度约 1.5 万根/平方厘米，起护体防寒作用。

在形态上，单根狐毛可分毛干、毛根两部分。露在皮肤外面的部分为毛干，埋在真皮和皮下组织内的部分称为毛根，毛根末端的膨大部分称毛球，包围毛根的上皮组织的结缔组织部分构成毛囊，在毛囊一侧的一束平滑肌称为竖毛肌，收缩时可使毛竖起来。

（二）毛干的构造

被毛露在皮肤外面的部分叫毛干，长在皮肤里面的部分叫毛根。触毛和针毛由鳞片层、皮质层和髓质层构成，绒毛无髓质层。

1. 鳞片层 被毛的最外层，由数层扁平、无核、完全角质化的鳞片状细胞构成。鳞片呈冠状形和复瓦状形排列。鳞片层对化学作用的抵抗力很强，故对毛有保护作用。此层表面常有皮脂腺的分泌物，可以防止水分渗入到毛干中去。毛的光泽决定于鳞片的排列状况，鳞片间彼此重叠越少，则毛表面越光滑，反光性越强，毛的光泽越强。

2. 皮质层 位于鳞片层的里边，由数层多角形和棱形细胞构成。该层是毛的最坚固部分，毛的弹性、坚韧性和拉力的强弱，由皮质层的厚度决定，皮质层细胞内有颗粒状或已溶解的色素。

3. 髓质层 由若干个较疏松排列的多角形细胞组成，位于毛的内层。髓质细胞内和细胞间都充满了空气，起导热的作用。髓质的有无、形态、发达程度，与动物年龄及毛的类型有关，一般幼兽及很细的毛均无髓质层。

（三）毛根的构造

毛根的顶头叫毛球，裹着毛根的皮肤叫毛囊。毛球的正中心有凹，毛根部上边的中心连接着髓质层，凹部的对面，是皮肤的皮质层凸到毛球的中心部叫毛乳头。

1. 毛在生长时毛根是有变化的 从胎毛起至毛皮的成熟期以前，毛球一直是开放的，由它供应营养和色素细胞。当毛生长至成熟期，毛乳头封闭，毛根变成圆形，此时皮肤洁白而薄，标志着毛皮完全成熟。

2. 毛生长时的变化，影响着皮肤的变化 当生成胎毛时，皮肤松弛而增厚，同时产生大量的色素细胞，随着被毛的生长色素从皮肤中不断地向被毛供应，一直到被毛生长成熟后，皮肤紧密而薄，皮肤中不再产生色素细胞，皮肤洁白。当被毛开始脱落时，皮肤又开始增厚（肉食动物），皮肤中又开始产生色素细胞。由于季节的变化，毛根在皮肤中的位置也有变化。毛绒生长期毛根位于真皮层中的下层，靠近皮下组织层，毛绒成熟初期，毛根位于真皮层的上层，以后逐渐上升，直至脱落。

3. 被毛的颜色也随季节变化 秋季毛色深而光亮，冬季毛绒光泽更强，毛干较直，毛干上下的粗细和毛根接近，春季被毛无光、干枯、毛尖有劈梢。毛绒的倾斜和弯曲，是由毛囊的倾斜度和弯曲度决定的。直线倾斜的毛囊，生长出来的毛是直的，多为针毛；弯曲毛囊其生长的毛是弯曲的，多为绒毛或卷毛形的毛；毛的倾斜度还受毛的密度影响，凡是毛绒密度大，针毛的倾斜度就小，反之则大。但绒毛越丰厚，弯曲越多，绒毛越空疏，则弯曲越小。

三、被毛的脱换

北极狐是季节性换毛的动物，它能随着外界环境的季节性变化而发生换毛。换毛是北极狐为适应自然环境和伪装自己，使自己更好地生存下来。

（一）春季换毛规律

北极狐每年换两次毛。第一次在春季 3 月底开始，需用 3 个月时间，完成脱去丰厚的冬毛、长出稀短的夏毛的全过程，春季脱换的特点是先从头部、前肢开始脱换毛，其次为背臀部、尾根部，接着为颈肩，体侧部，最后是腹部和尾尖。先是失去光泽，干枯的毛被一片一片脱落，后脱针毛，新夏毛生长的次序与脱换次序相同，8 月初冬毛基本脱净。从春天长出的夏毛，在夏初便停止生长，夏季北极狐毛绒稀疏，皮肤厚、硬呈黑色，利于散温，毛色由白色变成深蓝色。

（二）秋季换毛规律

进入 8 月底开始脱夏毛，也叫第二次脱换毛，脱换毛顺序是先从后向前，先从尾部、臀部开始，然后向腹部和胁部、逐渐向背部、颈部，最后为头部和四肢。脱出夏毛的同时，冬绒毛和针毛亦按次序同时长出。10 月底夏毛脱净，冬毛基本长齐，第二次脱换毛结束，皮肤细腻、洁白，有油性，颜色由深蓝色转变为浅蓝色。11 月下旬被毛基本成熟，形成毛绒灵活、丰厚，皮肤薄韧的成熟冬皮，皮肤呈洁白色。北极狐皮属晚期成熟类型。

（三）温度与光照对换毛影响

每日光照的长短对北极狐换毛影响很大，因为自然界光照周期的变化最有规律，所以光照周期的季节性变化也成为北极狐脱换毛的信号。据此，各国科学家，通过对光周期的控制，人为地缩短或延长光照时间，从而改变动物的换毛季节，或者使其换毛季节颠倒过来。近来对广泛饲养的北极狐，利用人工缩短光照，使毛皮提早成熟，大大地降低了饲养成本。

(四)狐皮成熟的鉴定

毛皮成熟与否，可通过皮的颜色来鉴定。简单的方法是：将毛绒分开，去掉皮肤上的皮屑进行观察，当皮肤为蓝色时，屠宰后的皮肤为浅蓝，说明毛皮未成熟；当皮肤为浅蓝或玫瑰色时，屠宰后的皮肤是白色，皮肤洁白是毛皮成熟的标志。从外观上看，全身毛锋长齐，尤其是背部、尾部和臀部，毛长绒厚，被毛丰满具有光泽、灵活，尾毛蓬松。北极狐来回走动时，毛绒出现明显的毛裂。最有把握的做法是，可先试剥一两张看看皮肤是否洁白无疑，如果完全洁白，说明毛皮完全成熟，可即刻屠宰取皮。饲料中动物性蛋白质供应充足，特别是含硫氨基酸供应充足时，狐狸的毛皮质量好。

毛皮成熟过度的标准：被毛颜色变淡，光泽减退，密度变稀疏，个别狐的针毛出现弯曲。

第二节　狐皮的剥取与初加工

北极狐毛皮小雪节气过后逐渐成熟，12 月份太阳黄经达 255°～300°时，大雪节气以后至大寒取皮最好，狐皮成熟标志是底绒丰厚、针毛直立，被毛灵活而有光泽、尾巴蓬松。捉住狐后用嘴吹开被毛时，皮肤呈粉红色或白色，表明狐皮已达到毛皮成熟标准，即可进行宰杀。但如在处死、剥皮、刮油、洗皮、上楦、整理等方面稍有不慎，也会影响狐皮质量。所以，在初加工时，认真按国家规定的规格要求，细心操作，防止各种事故的发生。

一、取皮时间和取皮前的准备工作

在常规生产中，北极狐皮的成熟时间是 12 月 7 日大雪至 1 月大寒节气这段时间，但由于营养水平和自然地理条件不同，开始取皮的时间也不同。高寒地区早些，营养水平好的早些，壮年狐早于当年狐，母狐早于公狐。开始取皮时间必须依据毛绒外观的综合鉴定来决定。做到成熟一只宰杀取皮一只，不能操之过急，并做好取皮前的各项准备工作。这样，才能确保毛皮的质量。

第一，在取皮前要准备好楦板。狐皮楦板是国际统一使用标准，要求楦板光滑，完好无损。

第二，准备好剥皮用的尖刀、剪子、刮油刀、楦棒等工具。目前，我国还没有统一使用工具，多采用剔骨刀开裆，用普通剪刀修理爪、头部及各部位难以处理的残肉等，用电工刀剥、割皮、筋、骨相连接处，用竹刀刮掉皮下组织及脂肪。

第三，准备好楦棒。用于将剥下来的鲜皮套在楦棒上，便于清除皮肤上的脂肪。

第四，准备好粗细锯末。粗的锯末洗毛面用，细的锯末洗皮肤用，利于清洗皮里外的血污和油污。

二、处死方法

处死北极狐应本着简单易行、致死快、不污染毛被，不影响毛皮质量为原则。下面介绍 3 种方法。

（一）电击处死法

将连接 220 伏火线（正极）的电击器金属棒插入狐的肛门

内，待狐前爪或吻唇着地时，接通电源，狐立即僵直，5～10 秒钟电击死亡。此法无污染，不损伤毛皮。

被处死的狐狸尸体，不要堆积在一起，避免因热闷板脱毛，应立即剥皮，同时冷凉的尸体剥皮十分困难。狐皮按商品规格要求，剥成筒皮，并保留四肢完整，亦有的皮货商只要两后肢完整，前肢从肘上部剪断。

（二）颈部推断法

一手捉住狐的颈部按在地面，另一只手抓住狐嘴下部猛将头部向后翻推，双手快速用力，将狐颈骨折错位，颈椎骨即脱臼，狐很快死亡。

（三）心脏注射法

一人用双手保定住狐，术者用左手握住狐胸腔心脏位置，右手拿注射器，在心脏跳动最明显处针刺心脏，将针头准确插入狐的心脏并注射空气，狐的心脏进入空气后，因心脏瓣膜被损坏而立即死亡。

三、剥皮方法

剥皮应本着不降低毛皮质量，毛皮保持清洁的原则进行。剥皮应在狐尸体内血液停止流动后，尚有一定温度时，皮张易于剥取又省工，这时要尽快剥取。北极狐皮采用圆筒式剥皮法，要求剥成毛朝外的完整皮筒。

（一）洗　尸

将已处死的狐尸体先用锯末搓洗一遍，除掉皮毛上的血污和杂物，特别是肛门与生殖器周围的脏物一定要搓洗干净，以利于取皮。

（二）开　裆

用尖刀从前肢内侧开始，于脚趾中间下刀，沿内侧一直挑至肘关节，再挑另一前肢。然后开始挑后肢，从趾关节沿后腿内侧，长短毛交界处挑到肛门前边缘，横过肛门，再用同样方法挑另一后肢。最后由肛门后缘沿尾部腹面正中挑至尾的中部，去掉肛门周围的无毛区（图 13）。

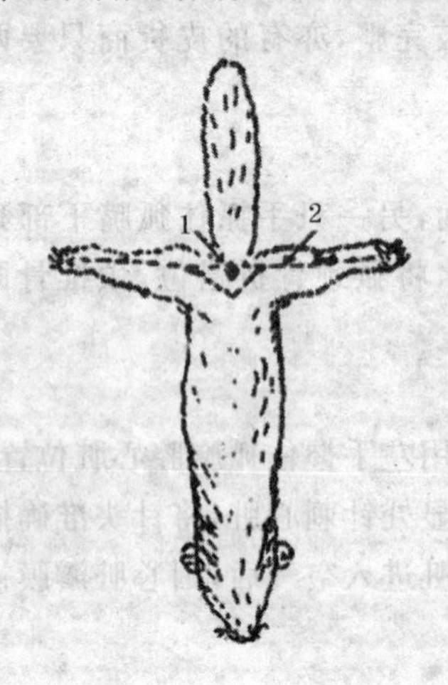

图 13　狐开裆示意图

1. 肛门　2. 开裆部位

（三）剥　皮

先剥下两侧后肢和尾，要保留足垫和爪在皮板上，当剥离到第三趾骨时，用刀在第三趾骨处剪断，使趾骨保留在后肢上，但将第三趾骨末端的爪留在皮板上，然后剥离尾骨。当尾部皮板向后部剥出 1/3 时，用力抽出尾骨，再将尾部皮板腹面用刀挑到尾尖，切记要把尾骨全部抽出，并将尾皮沿腹面中线全部挑开。然后将两后肢固定在钩子上倒挂起来，呈筒状向下翻剥，剥到雄性尿道口时，将其剪断，一直剥离到前肢。前肢也做筒状剥离，在腋部前肢内侧挑开 3～4 厘米的开口，以便翻出前肢的爪和足垫，在第三趾骨末端剪断。当翻剥到头部时，剥离头部操作要细心，应将耳、鼻、眼、唇部剥完整，防止剥破皮板，按顺序将耳郭、眼睑、嘴角、鼻皮割开，耳、眼睑、鼻和口唇都要完整无缺地保留在皮板上。不要将眼、鼻孔剥成大洞。在剥皮时不要剥破皮板，可采取边剥边用力向下翻拉的钝性剥离方法。

四、初加工方法

为了使鲜狐皮达到商品规定要求，必须正确及时进行初步加工。主要工序有刮油、洗皮、上楦、干燥等。

（一）刮　油

剥好的鲜皮要尽快刮油。刮油的目的在于剔除皮板上的脂肪、结缔组织、残肉。刮油时先将楦木衬托在狐皮内，用电工刀或竹刀刮油，先将尾部油污除净，而后从头部向腹部进行。刮油时，持刀要稳，用力要均匀，把皮板撑平，不能有皱褶，避免刮伤真皮层，及时除掉刮下的油脂，防止油脂污染毛皮。刮母狐皮乳房及公狐皮尿生殖孔部位时要小心，用力要轻，以免刮破。刮油刀不要过于锋利，只要能刮掉油脂和残肉即可。四肢、头部、尾部等油脂也应尽量刮净，难以刮净的可用剪刀轻轻剪掉。

（二）洗　皮

用硬锯末反复多次搓洗皮板上的浮油，然后将皮板翻过来再洗毛绒，直至洗净有光泽为止，最后将毛绒内锯末抖净。大型养狐场洗皮数量多时，可采用转鼓洗皮，先将皮板朝外放进装有锯末的转鼓内，转几分钟后，将皮取出，翻转皮筒，使毛朝外再放入转鼓内洗毛被。为了脱掉毛被上的锯末，从转鼓中取出毛皮放入转笼中转 5～10 分钟，以甩掉毛被上的锯末。用排针梳子将被毛梳理顺，使被毛蓬松光洁。

（三）上　楦

先把狐皮（毛朝内）皮朝外，套在楦板上，楦板顶端向下留出 10 厘米位置，将狐皮尾根部拉宽平展固定在楦板上，尔后双手用力均匀地由下向上拉长狐皮，使狐皮能得到充分伸展后，摆正耳部，再用钳子将狐皮鼻尖部挂在楦板顶端，最后再将尾巴、后肢及狐皮边缘用图钉固定在楦板上(图 14,表 20)。待皮板晒干后,再将皮板翻成(皮朝内)毛朝外,这样能使皮张快速晾干,不易发霉变质。

(四)风　干

鲜狐皮含水量很高,易腐烂或闷板,为此必须采取一定方法进行干燥处理。目前,大型养狐场采用风干机供风干燥法。小型养狐场和养狐户,风干采用自然干燥法。

(五)下　楦

当毛皮的四肢、足垫及后部干硬时,要及时下楦。下楦时应重点检查后爪、颈部、前肢风干程度,下楦后应单只悬挂于通风良好的地方进一步晾干。下楦后狐皮易出现皱褶,被毛不平顺,影响毛皮美观。因此,下楦后需要用锯末再次洗皮,洗完皮后手持木条抽打除尘,再用密齿小铁梳轻轻将小范围缠结毛理顺,使毛绒蓬松,清洁美观。

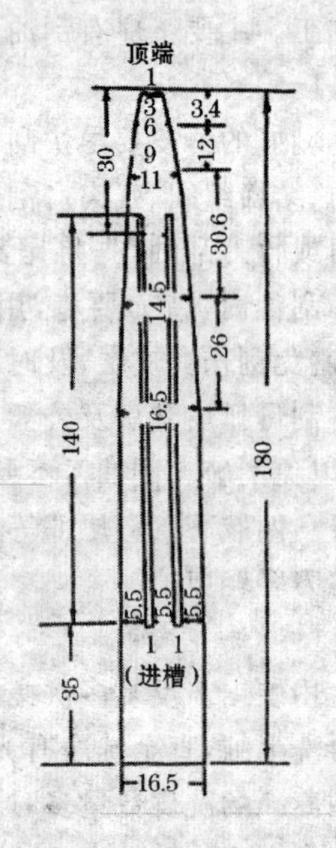

图 14　北极狐皮楦板　(单位:厘米)

(六)包　装

整理好的狐皮,根据国家验收标准进行分级分类,根据商品规格及毛皮质量(如成熟程度、针绒毛完整性、有无残缺等)初步验等级,然后分别用包装袋包装后装箱待售。在保管期间要防潮、防害虫和鼠害。

表 20 狐皮楦板规格 （单位:厘米）

距顶端楦板长度	楦板宽度
0	3
5	6
20	9
40	12
60	13
90	13.5
108	14
130	14.5
150	15.5
180	16.5

注:楦板厚度为 2 厘米

第三节 狐皮的销售技巧

每年冬季是广大养狐者的黄金季节,养狐者通过自己一年的辛勤劳动所生产的狐皮收获后将要出售了。这时,养狐者要经常多方面咨询皮毛市场上的狐皮供求信息,尽可能做到准确地了解皮毛市场的狐皮销售价格,在要出售狐皮的价格上,防止因信息不灵而贱卖,以求取得尽可能高的经济效益。

因为皮毛市场上狐皮价格瞬息万变,但也具备相对的稳定性和周期性。在狐皮出售时,先要根据本场养狐的经济实力,制定出适合本场实际情况的出售方案,可分期分批出售,先出售一部分狐皮,解决狐场生产的周转金,这样即使后期皮毛市场上狐皮价格上升,场内还有批量狐皮出售,也能保持较高的出售价格。如果本场经济实力与技术力量较强,又能预测到后来的皮毛市场上狐皮行情看涨,当年狐皮可压到翌年七八月份出售,但要高度注意国内外皮毛市场上狐皮供求动态,只要价格合适,应尽快出售,不要犹豫不决,错失机遇,人们常讲的"快马赶不上毛皮行"就是这个道理。

总之,在养狐业中,有学不完的经验,总结不尽的教训,我们养狐者不但要认真养好狐,还要下大力去研究皮毛市场信息,及时了解皮毛市场上狐皮行情变化,找到皮毛市场上将要变化的感觉,才能使自已的养狐场以优质产品为龙头,以市场信息为导向,以效益为中心,稳步持久地向前发展。

第四节　狐皮的质量鉴定及收购规定

目前,在我国裘皮贸易市场上,对北极狐皮的鉴定,有仪器测定和感观鉴定两种方法,以验毛为主,验皮为辅,根据皮张的实际使用价值,全面给以鉴定。现根据中华人民共和国供销总社和中国土产畜产进出口总公司有关北极狐皮收购规格的规定,将质量鉴定方法介绍给读者,供参考。

一、狐皮的伤残因素

人工养狐最终目的是获得绒毛丰厚、针毛灵活、色泽光润、张幅宽大的优质狐皮。但影响狐皮质量的因素很多,归纳起来可分为自然因素和人为因素两种。

(一)自然因素

当年狐皮皮板薄,绒毛细略短于针毛,针毛较长;2~3 年的壮年狐皮板足壮,绒毛丰满柔软,针毛灵活紧密,色泽光润,皮质最好;5 年以上老狐皮板厚硬,绒毛粗涩,色泽暗淡无光,皮质较差。

自然环境对狐皮影响也很大，在我国气候寒冷的东北、西北地区所生产的狐皮，毛绒丰厚，皮板质量好；气候温暖的中原地区所生产的狐皮，毛绒短小，色泽较好，皮板柔韧，但质量不如高寒地区；气候炎热的长江以南、西南地区所生产的狐皮，皮张小，毛绒空疏，毛色稍红，毛皮质量差，利用价值低。所以说，长江以南、西南地区的气温高，一般不宜养狐。还有北极狐体内外的各种寄生虫和各种疾病也都会影响毛皮质量。

（二）人为因素

平时饲养管理不当对毛皮影响也很大。如营养不良，饲料中缺乏各种微量元素等，都会出现体质和毛皮发育不良。宰杀时间、处死方法不当，初加工方法不正确，保管不当等人为因素都会使狐皮质量下降，也会降低经济收入。

（三）狐皮不同季节的特征

1. 春皮　早春狐皮也叫桃花皮，绒毛长而发黏，光泽度差，针毛长而软不直，微有脱毛现象，皮板微显红色，利用价值略低于冬季。晚春狐皮绒毛黏结，针毛干枯，无光泽，脱毛现象严重，皮板黑厚，无柔性，利用价值低于早春狐皮。

2. 夏皮　夏季狐皮绒毛空疏，针毛粗长而稀疏，绒毛短小呈深褐色，皮板黑硬无柔性，无利用价值，人工养狐夏季不能取皮。人们所说的“冬皮夏草”就是指冬季生产的狐皮有利用价值，而夏季生产的狐皮，像夏季的青草一样不值钱。

3. 秋皮　秋季狐皮绒毛短而空疏，针毛少而色泽暗，尾巴较细，狐皮整体表面杂散不整齐，早期皮板呈青褐色，晚期青灰色。背部、臀部尤其明显，不成熟的狐皮，利用价值低，市场价格也很低。

4. 冬皮 冬季狐皮绒毛丰满而稠密，针毛长直而灵活，皮板细白而柔韧，尾巴粗大而蓬松，整体表面平齐而美观，冬季是狐皮成熟时期，利用价值最高，也最值钱。

二、狐皮品质的鉴定

目前，狐皮在我国民间贸易中，多采用感观鉴定方法。普遍通过看、摸、吹、闻等手段，凭实践经验，对毛皮进行鉴定，检验时，以验毛绒为主，验皮为辅。既要按照规格要求，又要看狐皮的实际使用价值，全面给以考虑，做到合理定价，使狐皮的使用价值与市场的实际价格基本相符。

（一）拿皮方法

首先将狐皮放在检验台上，先用右手拿头部的鼻镜部，拇指在上，四指在下，再用左手轻轻握住狐的尾根部及两后肢，右手拿狐皮头部稍低些，左手拿狐皮尾根部稍高些。这样便于观察狐皮全部位，也可反复地进行正反面检查。尔后轻轻上下抖动，使狐皮各部位毛绒伸展开，竖立蓬松。

（二）检查毛皮的品质

狐皮在手中轻轻抖动后，毛绒全部伸展开来，即可开始进行检查，检查中先看毛绒的稠密度和灵活度，毛绒的颜色和光泽，毛面是否平齐。再看皮板的成熟程度，一般冬皮柔韧细致，有油性，皮面白色或灰青色。通过看，对毛皮有所了解，思想上基本形成确定等级。然后再用手触摸，拉扯摸捻毛皮，深入检验皮质是否足壮，以及瘦弱程度和毛绒的疏密柔软程度，探明伤残具体部位。对看不清楚部位，要用嘴吹开毛绒，“吹毛求疵”的成语就是源于检查毛皮质量。检查毛绒分散或还原程度，细致检查底绒生长情况及其色泽。尔后用鼻子闻一闻皮板，是否因贮存不当，使皮板上产生腐烂变质的臭味。

掌握以上几个方面情况后，再结合具体规格要求，便可适当灵活地确定狐皮等级规格。

三、狐皮收购规定

现将中华人民共和国供销总社和中国土产畜产进出口总公司，有关北极狐皮张收购规格的规定介绍如下。

（一）加工要求

刮皮适当，皮形完整，头、耳、须、腿、爪齐全，抽出尾骨、腿骨，除净油脂后开裆，毛朝外，圆筒按标准楦板晾干。

（二）等级规格

1. 特级皮 如一级皮，毛质、皮质、板质相同，皮板面积在 2 200 平方厘米以上。

2. 一级皮 毛色灰蓝光润，绒毛丰足，细软稠密，针毛齐全，皮张完整，板质优良，无伤残，面积在 2 111 平方厘米以上。

3. 二级皮 绒毛略空疏或略短薄，针毛齐全。具有一等皮的毛质、板质，可有臀部针毛摩擦；两肋针毛擦尖；轻微塌脊。有伤残破洞 2 处，长度以不超过 10 厘米，面积不超过 4.44 平方厘米，皮张面积在 1 888 平方厘米以上。

4. 三级皮 毛色灰褐，绒毛空疏，短薄，针毛齐全，皮张完整，具有一、二级皮质、板质，可带伤残 3 处，伤残长度不超过 15 厘米，伤残面积不超过 6.67 平方厘米，皮张面积在 1 500平方厘米以上。

不符合要求的为等外皮，应根据实用价值，酌情定价。

（三）说　明

第一，皮形标准指国家统一楦板而言。

第二，色泽变异、绒毛过粗、缺针毛、除油脂不净、受闷掉毛、皮形不标准及非季节皮，均酌情降价。

第三，量皮方法：①从鼻尖量至尾根部，计算皮张长度要减少 15 厘米；②从耳根量至尾根，计算皮张长度时不减少，计算方法一样，有多少算多少。用其长度和腰部适当部位的宽相乘再除 2，求出皮张面积。裆间差就下不就上。

第四，等级比差，特级 120%、一级 100%、二级 80%、三级 60%，等外 40%以下按质计价。

第五，尺码长度和尺码比差。见表 21。

表 21　尺码长度和尺码比差

尺码长度	尺码比差
00 号皮为 106 厘米以上	00 号皮为 120%
0 号皮为 97 厘米以上	0 号皮为 110%
1 号皮为 88 厘米以上	1 号皮为 100%
2 号皮为 79 厘米以上	2 号皮为 90%
3 号皮为 70 厘米以上	3 号皮为 80%
4 号皮为 61 厘米以上	4 号皮为 70%
5 号皮为 52 厘米以上	5 号皮为 55%～60%

第八章　北极狐的疾病防治

北极狐的疾病由传染性疾病与非传染性疾病两大类组成。在自然环境中野生北极狐抗病力较强，很少发生疾病。目前，由于人工饲养的狐狸都采用密集型的笼养，一旦发生疾病，相互传染快，不易控制，会给狐场造成很大的经济损失。所以狐场管理人员应遵循预防为主、防重于治、防治结合的方针，根据北极狐的生长发育与繁殖规律，采取科学的管理措施，精心调配好饲料，使北极狐得到丰富营养，保持健康体况，以提高整个狐群对各种疾病的抵抗力，能有效地防止和减少各种疾病的发生。

第一节　卫生与防疫

认真做好卫生与防疫工作，预防和防止各种传染病源对狐体的侵害，以提高北极狐的抗病能力，有效地保证狐群正常生长和繁殖，是养狐场首要工作之一。

一、严把饲料卫生关

凡购入狐场的鱼肉类、谷物类、蔬菜类等各种饲料都必须经过认真检查，不能有发霉变质现象。新鲜的鱼类饲料可生喂，各种肉类饲料要清洗煮熟再喂，严重变质的饲料绝对不能用来喂狐。各种饲料要分类贮存。饲料配方要合理，调制速度要快，以保证饲料的新鲜程度，并给以适量的清洁饮水。

二、搞好卫生消毒

饲喂后,要及时把各种加工器械、用具和食具清洗干净。经常清理笼网下面的粪便,做好灭鼠、灭蝇、灭蛆工作,保持狐场清洁卫生。并定期用0.2%高锰酸钾液或生石灰粉对狐场地面和笼具进行彻底消毒。工作服和捕捉工具,也要定期地清洗、消毒。搞好卫生消毒工作,是切断传染病源,防止各种传染病菌传播的重要措施。

三、健全防疫制度

大中型狐场门口应设有消毒池,池内装生石灰粉,进、出狐场人员都必须进行消毒。场内工作人员入场后,必须更换工作服和胶靴,禁止将工作服带出场外。非工作人员未经批准,不得私自进入狐场。新引进种狐要认真进行检疫,种狐入场后,要隔离饲养 20 天以上,观察无病后方可进入种狐群。禁止外界畜禽进入狐场。要克服侥幸心理,经常密切注意了解监测外界疫情,及时采取有效的防疫措施。

四、定期检疫及时接种

检疫是应用药物对狐进行检查,使病狐身体出现阳性药物反应,及时把病狐从健康狐群中挑捡出来,对症施治,达到保持健康狐群的目的。接种疫苗可有效地预防各种传染病的发生,疫苗注入狐体内 15 天后,可产生抗体,获得免疫力。目前,我国已生产出能预防狐传染病的疫苗有犬瘟热疫苗、病毒性肠炎疫苗、巴氏杆菌疫苗、狐加德纳氏疫苗等。免疫期均为半年,每年在 7 月 5 日全群狐和 12 月 15 日留种狐进行逐只防疫。各种疫苗的用量,用法及注意事项,可参照所附说明书。

五、养狐场常用消毒药剂

狐场常用化学药剂杀灭病原体，消毒药剂有下列几种。

（一）漂白粉

一般每 1 000 毫升水中加 0.3～1.5 克漂白粉用于饮水消毒；5%～20%混悬液用于粪便消毒。

（二）苛性钠（烧碱）

常用 2%～4%的热水溶液消毒被细菌、病毒污染的用品。但金属器械和笼子不能用，易被腐蚀。

（三）石灰水

石灰水是用 1 份生石灰加 1 份水制成的熟石灰，再用水配制成 20%的石灰水溶液，用于粪便、地面的消毒。该溶液需现用现配。配好后长时间不使用则失效。

（四）来苏儿

又称煤酚皂溶液，是含煤酚 47%～53%的肥皂制剂。1%～2%的来苏儿溶液用于体表、手指和器械的消毒；5%的来苏儿溶液用于笼舍、污物的消毒。

（五）甲醛溶液

常用 4%水溶液消毒地面、护理用具和饮食用具，对细菌、病毒、真菌等有较好的消毒效果。

第二节　狐病诊断的基本方法

对北极狐疾病诊断的目的，在于全面了解病狐体内外病况，为分析和判定病情提供可靠依据，以利于查明病因及时采取有效治疗措施。

一、诊断方法

(一)询　问

认真向饲养人员询问病狐的发病时间，发病前后食欲、粪便等情况、有无异常病状表现，还必须了解饲料的品种和质量，饲料的配制比例，饲料有无变质等情况。

(二)眼　看

通过眼看病狐的体态，对病狐进行全面观察，特别是精神状态，营养情况，食欲、呼吸等状态，进一步深入对局部进行细致观察，看鼻镜干湿程度、眼结膜、口腔、胸、腰、四肢等有无异常变化。

(三)手　摸

将病狐保定好，用手触摸病狐的患部温度、硬度与疼痛反应，患部内容物形状等。通过手摸对脓肿、乳房炎、难产等疾病的检查有一定的参考价值。

(四)鼻　闻

通过鼻闻病狐的粪便、尿液和口腔气味等，能觉察到该狐是否健康，如病狐患犬瘟热时，病狐全身散发出难闻的恶臭味。

(五)测　表

将体温计插入狐的肛门内 3～5 分钟后检查体温，北极狐正常体温为 38.6℃～39.6℃，壮年狐和幼龄狐正常体温为 39.8℃，超过正常体温 0.5℃为发热，体温升高多见于各种传染病和全身性感染，局部炎症也会引起发热。

二、识别健康狐与病狐

(一)外形体态

健康狐体况匀称,营养良好,被毛整齐灵活,皮肤润滑富有弹性,按时脱换毛,食欲、活动、体温都正常。病狐体况渐进性消瘦,被毛蓬乱无光,皮肤干燥无弹性,呼吸困难,鼻镜干燥,体温不正常,腹泻便秘等症状。

(二)精神状态

健康狐的精神旺盛,两目有神,反应机警,活动敏捷、性情温驯。病狐的精神沉郁,双目无神,反应迟钝,不爱活动或异常兴奋,活动无规律。

(三)食欲状态

健康狐的食量正常,吃得多而快,有饥饿感,不择食。病狐食量少,吃得少而慢,有厌食现象,后期拒食,饮水量多。

(四)粪便状态

健康狐的粪便前端钝圆,后端稍尖,呈圆条状,表面圆润有光泽。病狐粪便色不正,呈淡灰、黄绿、煤焦油色。健康狐的尿液淡黄透明,病狐的尿液淡红色或茶褐色。

(五)可视黏膜状态

健康狐的眼结膜、黏膜、口腔黏膜、肛门黏膜和阴道黏膜为淡红色。病狐可视黏膜多发干、肿胀、苍白、潮红、黄染和发绀等症状。

(六)鼻镜状态

健康狐的鼻镜湿润发亮,鼻镜黏膜红润,鼻镜上有透明小水珠,不流鼻汁。病狐鼻镜干燥、无水珠、流鼻涕,有臭味。

第三节 狐病治疗技术与给药方法

治疗北极狐疾病的目的，一方面在于提高病狐生理功能，以促进对疾病的抵抗能力；另一方面是抑制或消灭病原，促进病狐早日恢复健康。

一、治疗技术

第一，先以预防为主，发现病情则及时治疗，这是对狐病防治的基本原则。

第二，要经常对全狐群进行仔细观察，每天喂食时是检查狐病的最好时机，可以从狐的精神状态、食欲情况、排泄粪便、尿液等过程中及时发现病情，做到早发现、早诊断、早治疗。

第三，在药物应用上应根据北极狐的生理特点，病性确定后，要掌握少而精的原则。尽可能选择使用方便、作用迅速可靠的有效药物，以达到良好的治疗效果。

二、给药方法

（一）口服法

对有食欲的病狐，可将药物放在少量动物性饲料中，让药物随食物一起被病狐吞食；对无食欲的病狐，可 1 人捉住病狐头向上提起，1 人用长度为 40 厘米、直径 18 毫米钢管轻轻插入狐的咽部，药片通过钢管直接进入食管内，使药物强行被病狐服用；也可以用庆大霉素注射液直接注入口中。这几种药对腹泻、初期的肠炎、各种肠管寄生虫病、消化不良等疾病治疗效果明显。

(二)注射方法

1. 皮下注射 皮下注射可选择皮肤疏松的部位,如皮下组织丰富而又无大血管处,后肢内侧,肩胛、颈部。注射时用75%酒精或碘酊消毒。无刺激的药物或皮下吸收迅速的药物应用皮下注射。皮下注射还可应用于补液,但用量一般不超过120毫升,分多点注射。

2. 肌内注射 是平时最常用的给药方法,一切不适宜皮下注射、有刺激性的药物或油质性注射液,均应采用肌内注射。注射部位选择肌肉丰富的颈部、臀部、后肢内侧。

3. 静脉输液 静脉输液部位为颈静脉或后肢隐大静脉,以人用9号针头即可。补液数量根据病情发展程度而定,输液速度应缓慢。一般不做静脉注射。此种方法可在特殊情况下使用。

(三)子宫洗涤法

适用于母狐化脓性阴道炎、子宫内膜炎的治疗,对恢复病狐的生殖功能有良好的作用。用输液管,插入阴道5~6厘米处,反复冲洗,排尽液体后,再向阴道内注入适量的抗生素溶液,以促进快速痊愈。

(四)直肠灌注法

将配好的药液通过肛门直接注入直肠。常用于狐的补液、缓泻。大多使用人用输液管连接在大的玻璃注射器上作灌肠用具。灌注前器具应严格消毒,药液的温度应接近体温38℃~39℃。

(五)外敷法

用3%过氧化氢溶液(俗称"双氧水")清洗化脓性伤口,尔后将红霉素软膏或土霉素粉等药物涂撒在患部,使其患部快速消炎止痛,以达到伤口尽快愈合的治疗目的。

第四节　狐的病毒性传染病

北极狐病毒性传染病有犬瘟热、黄疸性肝炎、病毒性胃肠炎、狂犬病等，以上几种传染病发病快，死亡率高，严重影响着养狐业的发展。

一、犬瘟热

北极狐犬瘟热病是犬瘟热病毒所引起的接触性、败血性、急性传染病。该病是以高热侵害狐的中枢神经系统，眼、鼻、消化道以及皮肤炎症等病变为特征的传染病。幼狐发病率高于成年狐。犬瘟热是北极狐养殖业中危害最大的疾病之一。

我国曾在 1957 年和 1985 年两次发现北极狐犬瘟热病，近几年来，随着养狐业的快速发展，该病在全国各地许多狐场中时有发生，给养狐场造成极大的经济损失。

【病原体】 犬瘟热病毒属于副黏病毒科，麻疹毒属(又称麻疹犬瘟热群)，存在于各种毛皮动物口、鼻、眼分泌物和排泄的粪尿中。该病毒在 0℃以下可存活多年，干燥状态下可存活 1 年以上。对热敏感，55℃经 30 分钟可杀死，100℃1 分钟后就失去毒力。对普通消毒剂敏感，2%氢氧化钠、3%甲醛、5%生石灰溶液等都能迅速将犬瘟热病毒杀死。

【流行病学】 在自然条件下，北极狐最易感染犬瘟热病毒，实践已证明，各种毛皮动物对犬瘟热病毒都可相互感染。北极狐对犬瘟热病毒十分敏感。不同年龄、性别的北极狐对犬瘟热的感染性也不同，幼狐比成年狐发病率高，公狐高于母狐。患病狐或带毒狐是该病的传染源。该病毒可以随病狐的口、鼻、眼分泌物或粪便、尿液排出，这些分泌物、代谢物可经直接传染给其他易感毛皮动物，接触病狐的人和用具都可将该病间接传染给未发病的健康狐。该病没有季节性，一年四季都可发生。一旦发生该病难以扑灭，从而给狐场造成极大的经济损失。

【症状】 病狐精神沉郁，食欲时好时差。随着病情的进展，表现出拒食，有呕吐现象，两眼有泪，不愿活动，卧于笼底。眼睛无神，体温高达41℃以上。持续2～3天以后，鼻镜干燥，眼睛有眼眵，眼结膜充血，上下眼睑粘连，鼻孔流浆液性、黏液性及脓性鼻汁，腹泻，带有黏液性血便，以至煤焦油状粪便。后期出现神经症状，痉挛抽搐，呕吐尖叫，口吐白沫等。病狐表现不安，不时用前爪搔扒，嘴巴变粗，嘴周围被毛有分泌物和饲料。慢性病狐脚掌发炎肿大、干燥。鼻周围发生溃疡、结痂。出现全身性皮炎，皮毛内存有脱落的皮屑，最后肛门肿胀外翻，全身发出特殊的腥臭味。由于病毒作用，病狐抵抗力下降，各种病原菌可乘虚而入，多以引起并发症而死亡。

【诊断】 病狐两眼流泪，有眼眵，结膜充血肿胀，有浆液性分泌物。鼻镜干燥、龟裂，鼻孔流出浆性鼻汁，后期转为黏液性或脓性鼻涕，鼻孔堵塞，呼吸困难，脚掌肿大，皮肤脱屑，有特殊的腥臭味，可做初步诊断。

【治疗】 应用犬瘟热疫苗进行特异性免疫接种，是预防该病的根本方法，可在每年的7～12月份接种疫苗。发生过犬瘟热病的狐场只要及时进行犬瘟热疫苗接种，可以控制犬瘟热复发。

第一，狐场发现犬瘟热病应立即上报疫情，封闭狐场，隔离病狐，进行对症治疗。为了防止并发病，每日早晚2次可使用青霉素80万单位、链霉素40万单位控制，幼狐减半。病毒唑2毫升肌内注射。

第二，也可用高免血清20毫升或甲磺酸达氟沙星注射液2毫升，每日注射2次，连续注射5～7天后，再用高免血清10毫升，甲磺酸达氟沙星注射液2毫升连续注射7天。

第三，也可用中药防治，方为净麻黄30克，光杏仁60克，生甘草30克，生石膏100克，玄参90克，桔梗50克，细生地黄90克，加水1 500毫升煎后去渣，将药汁拌入饲料中可供100只左右小型狐群的防治，无毒副作用。

第四，对该病惟一的办法是用犬瘟热疫苗或人用麻疹疫苗对健康狐进行紧急预防接种，可以很快控制该病的流行。

【预防】 对发生犬瘟热后狐场应立即封锁，隔离病狐和可疑病狐，专人饲养管理，全狐场用0.5%病毒净药液彻底消毒。饲料中增加新鲜的鱼、奶的给量，增强狐群的抗病毒能力。狐场在半年内，禁止将狐调出场外，病狐到年底一律淘汰取皮，狐场彻底消毒后，再重新引进已接种犬瘟热疫苗的狐做种用。

二、狐病毒性脑炎

狐病毒性脑炎又称传染性肝炎，是以中枢神经系统损害、伴发兴奋性增高和癫痫样发作为特征的急性败血性传染病。

【流行病学】 呈地方性流行性，3～6月龄的仔狐最易感，不同年龄、不同品质的狐均易感，病狐和其他病兽是传染源，空气传播，呼吸道感染。全年均可发生，多发生于夏秋季节。

【症状】 潜伏期2～6天，常常为突然发病，病狐食欲废绝，可急性死亡。一般的过程为：过度兴奋、痉挛、麻痹和昏迷，有时流鼻液和腹泻。成年狐发病较缓。剖检可见全身所有组织(包括脑和脊髓)均有出血；由于神经系统对这种形式的损害十分敏感，常呈现神经症状。本病的后遗症为发育缓慢、转圈运动等。

【治疗】 初次发热期可用血清进行特异性治疗，以抑制病毒的繁殖扩散，但在中后期效果不佳。此外，用丙种球蛋白也能提供短期治疗效果。

可用甲磺酸达氟沙星注射液 2 毫升与维生素 C 治疗本病，也可用氟苯尼考 2 毫升，维生素 B_{12} 成年狐每只量 1 毫升，幼狐每只量 0.5 毫升肌内注射，同时饲料中给予维生素 C，每日每只量 0.5 毫升，连续 10～15 天。

用中药生石膏 250 克，金银花 100 克，鲜芦根 600 克，大青叶(根)300 克，龙胆草 60 克，黄芩 100 克，黄柏 100 克，连翘 150 克，板蓝根 200 克，薄荷叶 80 克，加水 400 毫升，煎后去渣，拌入饲料中饲喂，可供 100 头狐群服用防止脑炎的发生。

【预防】 预防接种是预防本病的根本措施。可用中国农业科学院特产研究所生产的狐脑炎疫苗，每半年注射 1 次，每只注射浓缩苗 1 毫升。

三、狐黄疸性肝炎

近年来，随着养狐业的快速发展，北极狐患黄疸性肝炎病增多，特别是母狐妊娠期，发病后造成大量母狐空怀或流产，死亡率高，一旦发病引起全群暴发性流行，难以控制，严重影响着北极狐的繁殖与发展，应引起广大养狐户的高度重视。

【病因】 黄疸性肝炎是由多种肝炎病毒所引起的传染病。黄疸性肝炎发生的主要原因是肝脏细胞变性，因肝细胞肿胀及胆囊总管被发炎细胞侵蚀后，形成水肿，使胆囊中的胆汁排泄受阻，造成肝内梗阻性黄疸性肝炎，由于病狐携带病毒并不断地排泄病毒，而大多数狐场都采用密集饲养，狐笼之间相隔距离较近，极易相互传染。

【症状】 病狐发病初期体温升高至41℃以上，病狐食欲下降或拒食，不爱活动，消化不良，饮水增多。整天蜷缩在狐笼的一角，后期体温正常，食欲时好时差，巩膜与皮肤呈蜡黄色，病狐多突然死亡，死亡后解剖发现，肝脏切开呈淤泥色，胆囊肿大，充满黄色的胆汁，胸腔内有血黄色液体，肝、肾部都肿大，呈淤血性充血，整个皮板及皮下脂肪呈蜡黄色。

【治疗】 发现病狐立即隔离。

第一，用庆大霉素8万单位、维生素B_{12} 2毫升，每日2次，肌内注射，同时用茵陈黄疸冲剂，调拌在精饲料中供内服。

第二，也可用猪苓多糖注射液2毫升，每日1次肌内注射，同时每日在饲料中拌入维生素E油剂2丸、叶酸2片，每日2次，效果都良好。

第三，也可用中草药茵陈200克，栀子120克，大黄100克，煎后去渣，汤拌入饲料中饲喂，供100只狐服用，有清热、利尿、退黄的功效，治疗黄疸性肝炎有特效，无毒副作用。

【预防】 在日常饲养中严禁饲喂变质的冷冻高脂肪性的动物性饲料，经常打扫场内卫生，定期用生石灰粉对地面进行消毒，用来苏儿水清洗食具、笼箱。疑似病狐立即隔离后，用维生素E、叶酸、磺胺类、抗生素及病毒灵等药物控制病情，防止并发症，对健康狐可用甲醛灭活疫苗进行接种，对患过黄疸性肝炎的病狐，治愈后，到取皮期，一律淘汰，不能留做种用，防止翌年复发。

四、狐病毒性胃肠炎

北极狐病毒性肠炎，是以肠黏膜发生出血和坏死性变化及急剧腹泻，白细胞高度减少为特征的病毒性传染病。该病发病急，传播快，流行广，仔狐断奶后发病率和死亡率很高。该病在全国各地狐场和养狐户的狐群中广泛流行，是对养狐业危害很大的疾病之一。

【病原体】 引起北极狐胃肠炎的病毒是细小病毒，该病毒广泛存在于病狐的血液、内脏及分泌物、排泄物中，具有很强的致病力，对一般消毒药品有较强的抵抗力。对漂白粉、甲醛及3%过氧化氢溶液较敏感。对温度的反应是：在56℃条件下30分钟仍保持其感染能力，当温度达到80℃ 30分钟后才能降低其感染力。该病毒对外界环境有较强抵抗力，在自然条件下，在污染物中这种病毒的感染力可以保持半年以上。

【流行病学】 病狐是该病的主要传染源，带毒病狐通过排泄的粪便、尿液和呕吐物传播，直接或间接传染。病狐在发热期和症状明显期不断向外界排毒，通过饲料、饮水、饮食用具传染给健康狐。配种期，健康狐直接接触病狐，更易造成传染。带毒病狐为疾病的潜在传染源，狐群中一旦发生该病，难以彻底消除，应视为“隐患”。

该病无明显的季节性，全年均可发生，但以7～10月份为暴发流行期。幼狐发病率高于成年狐。在一些发生该病的狐场若防治不当，可连续几年发生，呈地方性流行。死亡率达60%～80%。

【症状】 该病潜伏期多在6～10天。病程一般为15～25天，初期症状，食欲减退，精神沉郁，不愿活动，体温升高至41℃～41.5℃。食欲减少，饮欲增多，两目无神，行动缓慢。初期眼角有少量浆性分泌物，后变为灰白色，眼周皮肤浸润、肿胀，粪便稀，呈黄色，进而为水样便，灰绿色并有恶臭气味。粪中有黏液和脱落黏膜。后期粪便以脓性带血，呈粉红色。

病后期，狐消瘦衰竭，被毛蓬乱，脱水严重，肛门失禁，此时体温下降，卧笼不起，麻痹痉挛而死亡。死前常见腹部臌胀，口、鼻流淡红色血水。

【诊断】 依据流行病学、临床症状和剖检变化可做出初步诊断。高热、顽固性腹泻、血性粪便，仔狐发病率高于成年狐，应用抗生素和磺胺类药物治疗无效，这些是诊断该病的重要依据，进一步确诊需经化验室取样检查，才能确诊。

对病狐污染的笼箱要彻底消毒，粪便用生石灰粉铺盖并及时清出场外，地面用10%苛性钠溶液消毒，食具、水盒、用具等用0.1%高锰酸钾液清洗。饲养人员工作服用0.5%甲醛溶液喷雾消毒。病狐尸体一律焚烧深埋。

【治疗】 该病流行过程中常相互感染，故应用抗生素防止并发症。轻者用甲磺酸达氟沙星注射液2毫升，每日每只2次，同时在饲料中拌入土霉素粉，每只0.2克，连喂5～6日，间隔7日。重者可用高免血清20毫升，甲磺酸达氟沙星注射液2毫升或氟苯尼考2毫升，每日2次，连续注射4～6日。病情有明显好转后，每日再用土霉素粉0.25克维持治疗。也可用中药，黄芩、白芍、黄连各100克，木香、甘草各50克，大枣250克，加水1 500毫升煎后去渣，药汁拌入精饲料中饲喂。可供50～60只病狐服用，疗效好，无毒副作用。

【预防】 预防该病最好的办法是接种病毒性肠炎疫苗，每年在准备配种期的12月份及仔狐分窝后的7月份，每次以皮下注射2～3毫升，可有效预防病毒性胃肠炎的发生。

改进饲料配方，给予新鲜和易消化的、适口性好的动物性饲料，以促进食欲，增强体质，提高狐体对疾病的抵抗力。

五、狂 犬 病

狂犬病又名恐水症，是由神经性病毒引起人、兽共患的急性传染病。该病特征是病狐出现神经性兴奋和意识功能紊乱。主要表现扑咬人或攻击邻笼的狐并且有自咬表现，后期麻痹死亡。狂犬病是对人、兽危害极大的疾病之一。

【病原体】 狂犬病毒，主要存在于动物的中枢神经组织、唾液腺和唾液内。狂犬病毒耐低温，对热敏感，60℃经 5 分钟被杀死，100℃经 2 分钟可杀死。对消毒剂敏感。

【流行病学】 传染源主要是患病犬带毒，狐因被患病犬或带毒犬咬伤而引起。在笼养条件下的北极狐很少发生狂犬病，极少数病狐多半是通过接触狐场内的患狂犬病的狗而感染的，隔着笼子咬伤笼内狐而发病，多呈散发。

【症状】 潜伏期一般为 10～30 天，转归死亡，病程多为 3～6 天，主要决定于咬伤部位和毒力。北极狐发病时主要表现拒食，常发生流涎和呕吐，精神沉郁，对外界刺激反应敏感。前期：行动反常、反应敏感、食欲不振，扑咬人或攻击邻笼内的狐，扒咬笼网。视力正常，眼球灵活。精神出现短期沉郁。不流涎、体温正常；进一步发展为狂躁期：狂暴不安，急走于笼中，啃咬物体久而不放；后期为瘫痪期：站立不稳，后肢麻痹，瞳孔散大，意识丧失，倒在笼内，死前体温下降，流涎，舌露于口外。

【诊断】 高度兴奋、食欲反常、后肢麻痹、胃内存有异物，结合当地有无狂犬病流行，可取样送实验室化验后才能确诊。

【治疗】 被病狐咬伤后，先用肥皂水反复清洗伤口 15 分钟，挤出带毒的血液。再用中药细辛、防风、川乌、草乌、川黄连、白芷、苍术各 30 克，雄黄 12 克，将中药磨成细末后，用温白酒调敷伤处，用绷带包扎好，早、晚各换药1次。能有效治疗被狂犬病狐及其他毛皮动物咬伤的伤口。

【预防】 狐场一旦发生狂犬病，要立即进行封锁，以最快速度将病狐处死，以防病狐窜出。病狐尸体要深埋或焚烧处理。严禁外人参观，及时上报疫情。被病狐咬伤的狐要及时用狂犬病疫苗进行接种，或尽快注射狂犬病免疫血清紧急预防。注意人身安全，防止咬伤。狐场应每年对种狐进行1次狂犬病疫苗接种，以防止狂犬病的发生。

第五节 狐的细菌性传染病

北极狐细菌性传染病，有巴氏杆菌病、大肠杆菌病、秃毛癣、自咬病等。以上几种细菌传染病，如治疗不及时，也会给养狐者造成一定的损失。

一、巴氏杆菌病

北极狐的巴氏杆菌病是由多杀性巴氏杆菌引起的以败血症及内脏器官出血性炎症为特征的急性细菌传染病。该病曾在全国各地广泛流行，近几年来我国养狐业发展较快，也不断发生此病。

【病原体】 北极狐巴氏杆菌病是由多杀性巴氏杆菌引起的急性败血性传染病。该菌抵抗力不强，各种消毒剂能很快杀死病菌，3%来苏儿，1%漂白粉溶液经3～10分钟即能杀死，达到消毒日的。

【流行病学】 所有毛皮动物对巴氏杆菌均易感染，幼狐易感性比成年狐高。北极狐食入带有巴氏杆菌病的各种动物性饲料及其副产品，即可传播本病，痊愈的病狐也是巴氏杆菌的带菌者，传染途径为消化道、呼吸道及受伤的皮肤。该病发病突然，无明显季节性，春秋季节发病率较高。北极狐与其他家禽互不传染。

【症状】 发病突然、精神沉郁、食欲减退、呕吐腹泻、体温升高、鼻镜干燥、呼吸困难、气喘、饮水增多、便稀腹泻混有黏液或血液，可视黏膜黄染，体质消瘦，有的狐出现神经症状，常呈痉挛性抽搐而死亡。

【诊断】 依据流行病学、临床症状、剖检变化提出对该病的怀疑，注意必须取样通过实验室化验才能确诊。

【治疗】 改善饲养管理，排除可疑饲料。供给易消化、新鲜的动物性饲料。对有病的或可疑的病狐，可用青霉素 20 万～40 万单位、地塞米松 2 毫升，每日每只肌内注射 2 次，坚持 5～7 日治疗，能有效控制病情的发展。巴氏杆菌对青霉素很敏感，坚持治疗，效果良好。对病狐进行治疗的同时，全群投喂氟哌酸或喹乙醇，每日 2 次，每次 1 片进行药物防治。也可用复方林可霉素注射液 2 毫升或用良他霉素注射液 2 毫升，维生素 B_1 1 毫升，每日每只肌内注射 2 次。

【预防】 狐场布局要合理，要注意环境卫生和各种用具卫生，各种毛皮动物不得混养，以防相互感染。预防该病的主要措施是，每年定期注射狐巴氏杆菌多价灭活疫苗，能达到预防该病的效果。

二、大肠杆菌病

北极狐大肠杆菌病是刚分窝的幼狐，由于大肠杆菌感染而引起的一种肠管传染病，常呈败血性经过，伴有顽固性下痢，病菌进入狐体后，侵害呼吸器官和中枢神经系统。成年母狐患该病，常引起流产和死胎。是对幼狐危害较大的细菌性传染病之一。

【病原体】 是大肠杆菌。血传型大肠杆菌对北极狐有致病性。本菌在形态上与人、畜大肠杆菌病原体相同。大肠杆菌抵抗力不强，在一般消毒溶液中几分钟可杀死。60℃热水中经过30分钟被杀死。

【流行病学】 成年狐极少发病，新生仔狐易感染，并伴有严重的下痢和败血症。病狐和带菌狐是大肠杆菌病的主要传染源。被污染的饲料、饮水及用具，同样是该病发生的因素。营养不全价，蛋白质偏低，产仔箱不清洁，保温性差，气候不正常，是该病发生的诱因。若因经常喂有患大肠杆菌病的畜禽肉及副产品而发生该病，则常呈暴发性经过。

【症状】 潜伏期为1～3天。患狐表现不安，不断尖叫，食欲降低，被毛蓬乱，肛门污染。腹泻，排黄绿色或伴有未消化饲料、含有气泡的稀便，严重者粪便带血、呈水样。2～3天后病狐精神沉郁，痉挛衰竭，肛门失禁，尿色深而浓。病程稍长者表现消瘦、贫血，脱水衰竭，毛色无光，头大颈细、腹部发胀，若饲养管理不善，死亡率可达20%～70%。妊娠母狐患此病时，易发生流产和死胎。

【治疗】 发现病情后，应及时治疗，合理用药，首选用氟苯尼考2毫升每日每只2次肌内注射，磺胺脒，每日2次，每次1片混入饲料中饲喂，良他霉素注射液2毫升每日2次肌内注射。用以上药物进行治疗，都有很好疗效。值得注意的是，平时应采取以全群性预防为主，个别病狐重点治疗的方法，方能收到良好效果。

【预防】 加强饲养管理，搞好环境卫生，供给营养丰富的全价优质饲料，并注意饲料和饮水的卫生，提高狐的抗病力。

加强妊娠期和泌乳期饲养，注意多汁饲料补给，以确保胎儿和仔狐的健康发育，仔狐出生后获得充足、良好的乳汁，以满足仔狐的生理需要。7月份全群注射大肠杆菌疫苗，能收到良好的预防效果。用法、用量可按疫苗说明书的规定。

为防止传入新的大肠杆菌，应对新购进种狐搞好消毒检疫工作。定期饲喂土霉素粉、氟哌酸粉以及用0.1%高锰酸钾液让仔狐自饮，可达到预防目的。

三、狐腹水的防治

北极狐腹水是一种慢性传染病。病狐后期腹腔内有积水，腹围比健康狐的腹围明显增大，仔狐患病率、死亡率都高。近年来随着养狐业的不断发展，该病在各地养狐场中相继发生，造成严重的经济损失，应引起高度重视。

【病因】 病毒性肝炎、慢性肾炎、结核病及血吸虫病为北极狐腹水的主要病因。病狐由于肝外门静脉血管受阻，血流淤滞，导致门静脉压力增高，脾脏肿大，胃底与食管下端静脉扩张，渗出液积于腹腔内而形成腹水。

【症状】 病狐初期症状不明显，食欲时好时差，饮水增多，精神不振，鼻镜发绀，常出现慢性肝炎、慢性胃肠炎等症状变化。随着病程的发展，身体逐渐消瘦，精神沉郁，食欲减少，饮水量明显增多，体温升高至40℃以上，鼻镜干燥，腹部膨大，用手触摸时，无弹性，有液体波动感，将病狐提起时，病狐腹部有移动性浊音，并变形，呼吸困难，有痛感，根据病理剖检可确诊。

【治疗】 病狐确诊腹水后，应立即隔离，查明腹水性质，限制饮水，改善饲养管理，可选用良他霉素注射液2毫升，丙酸睾丸酮2毫升，每日2次肌内注射，以促进蛋白质的合成，饲料中加入维生素E、维生素C各2片，每日2次。

【预防】 养狐场每年应定期用病毒肝炎疫苗对狐群进行防疫，在日常饲养中要经常添加适量土霉素粉，维生素 E、维生素 C 等药物，不喂变质的高脂肪动物性饲料和发霉变质的植物性饲料，这样能有效防止北极狐腹水症的发生。

四、秃毛癣

北极狐秃毛癣是由真菌引起的皮肤性顽固性传染病。该病相互传播快，破坏毛皮质量，造成商品皮质量下降。

【病原体】 狐易感染的真菌主要有两属，即发癣菌属与小孢子菌属。这两种皮肤真菌主要寄生在皮肤和被毛上。北极狐与貉子对秃毛癣均易感染。主要传染源为患秃毛癣病的饲养员及病狐，通过接触将病原体传染给健康狐。老鼠和吸血昆虫也能将病原体传染给狐。该病多发生于夏秋季节。在直射阳光下几小时真菌便丧失致病作用，2%～3%甲醛溶液经 20～30 分钟可杀死皮霉菌类真菌。

【症状】 潜伏期为 10～20 天。患狐在头颈、四肢皮肤上出现浅红色，灰色近圆形斑块，大小似核桃。上面无毛，或有少许折断的被毛，覆盖以鳞片状或麸皮样外壳，裸露出充血的皮肤，压迫时，从毛囊中流出脓样物，干涸后形成痂皮。若不及时治疗，可在患狐背腹两侧形成大小不等的秃毛区。

【治疗】 用 5%碘酊或 10%水杨酸酒精，反复涂擦患部连同周围健康部位，每日涂 2 次，连涂 3～5 日便可治愈。或用土槿皮酊反复擦洗患部，除掉外壳，涂上皮炎平软膏，隔日 1 次反复治疗，直至痊愈为止。近段时间采用强力碘涂擦患处，也能收到满意的效果。

除局部治疗方法外，内服灰黄霉素，每只每次 2 片，每日 2 次，连续服药 10～20 天，直至治愈为止。患有秃毛癣病的狐一般不能做种狐，防止翌年相互传染。

【预防】 狐场不要将狐长期放在阴暗潮湿的地方，要让每只狐狸都能见到阳光，经常用生石灰粉撒在狐笼下面灭菌，能有效防治狐秃毛癣病的发生。

第六节　狐的寄生虫病

北极狐的体内寄生虫疾病主要有蛔虫和绦虫。体外寄生虫疾病主要有疥螨、蚤和虱等。各种寄生虫病治疗不及时，也会造成批量北极狐死亡或皮质下降。所以，养狐场应重视对各种寄生虫的防治。

一、蛔 虫 病

幼狐蛔虫病是蛔虫寄生在幼狐肠内所引起的，35 日龄幼狐最易感染此病，主要危害幼狐，阻碍幼狐生长发育，治疗不及时死亡率极高，幼狐蛔虫病在全国各地养狐场中普遍发生。

【病原体】 幼狐饮用受蛔虫卵污染的饮水和饲料，从口中带入肠内，蛔虫卵在小肠内生长发育成成虫，并产卵、寄生在肠管内，刺激小肠腺分泌毒素。蛔虫多聚积成团，堵塞肠管，有时钻入胆管内。

【症状】 幼狐受感染时，腹部膨大，体质瘦弱，食欲降低，发育不良，蛔虫多可阻塞肠管，造成肠梗阻。有的幼狐因吸收了蛔虫产生的毒素而发生中毒，出现痉挛抽搐、口吐白沫等现象。从幼狐的粪便中查出蛔虫卵或虫体后可确诊。

【治疗】 驱蛔灵，用量为 20 毫克/千克体重，1 次拌入饲料中，可驱除幼狐体内未成熟蛔虫。

也可用盐酸左旋咪唑 25～50 毫克早、晚分 2 次(第一次晚上,第二次翌日早晨)饲喂,驱蛔虫有特效。

【预防】 将用作饲料的各种青菜洗净,对病狐的粪便、虫体应及时清理,笼具要经常消毒。每年母狐配种前,与幼狐生长至 30 日龄时都要进行驱虫,防止相互传播,这都能有效地防止蛔虫病的发生。

二、绦虫病

北极狐绦虫呈扁形带状,是由多节片组成的寄生虫。它主要寄生在北极狐的小肠内,靠吸取小肠内营养物质生长,虫体由一个个节片连接组成的,每个节片上有 2 个透明点,头节有吸盘,牢固地吸在肠黏膜上。绦虫卵随粪便排出体外,常见扁形带状绦虫。

【病因】 绦虫病是由于北极狐吃了被绦虫感染的各种淡水杂鱼、畜禽下杂等动物性饲料而引起的。

【症状】 病初食欲增强,呈进行性消瘦,生长停滞,中后期经常排出含有带状节片的白色绦虫卵,严重时有呕吐、贫血、腹泻、麻疹等症状。当侵害神经中枢后,常发生抽搐和惊厥。在粪便中发现绦虫的虫体或节片就可以确诊。

【治疗】 首先停食 12 小时,然后用槟榔 5 克,炒熟南瓜子 200 克,捣碎搅拌在少量的精饲料中饲喂,或服用丙硫苯咪唑,每千克体重 5～10 毫克,或灭绦灵每千克体重 20 毫克,效果都良好。

【预防】 每年 7 月份、12 月份定期 2 次进行驱虫,防止场外各种毛皮动物进入狐场,饲喂各种淡水杂鱼及畜禽下杂一定要煮熟后再喂,这样能有效防止北极狐绦虫病的发生。

三、螨 虫 病

北极狐的螨虫病又称疥癣，多寄生在北极狐的口、鼻、眼、耳的周围、尾巴及腹部，主要侵害狐的皮肤，使皮肤剧痒、发炎、脱毛，直至局部溃烂、损坏皮张，螨虫病是严重危害北极狐生长与繁殖的寄生虫病。

河南省平顶山市某养狐场 1994 年饲养的北极狐全群发生螨虫病，因将没有治愈的种狐出售给信阳市某新建的养狐场，造成全场狐群及其他毛皮动物都发生螨虫病，由于治疗不及时，造成很大的经济损失。

【病原体】 螨虫呈椭圆形，背部隆起，乳白色，雌虫体较大，雄虫体较小，颚部短小。位于前端的螯肢呈钳状，尖端有齿。躯体背部后有刚毛，腹部光滑，腿 4 对短粗、圆锥状。患螨虫病的狐狸或带有螨虫的各种毛皮动物是传染源，直接或间接都可传染。狐场潮湿，密集饲养，卫生条件差也会引起疥螨病的发生。

【症 状】 病狐表现剧痒，烦燥不安，皮肤发炎，脱毛，严重时局部溃烂，患狐经常用躯体在笼网上摩擦蹭痒，时常用后爪搔患处，造成患处皮肤损伤，有灰白色皮屑脱落，头部、四肢、腹部、尾根部结痂明显。

【治 疗】 发现螨虫病后，先用 2%敌百虫溶液洗净患处，而后用硫黄软膏涂于患处，再用北农大生产的阿福丁（虫克星）针剂，用量是成年狐 0.4～0.5 毫升，育成狐每只剂量 0.2～0.3 毫升，幼狐每只剂量 0.2 毫升，用生理盐水 0.2 毫升混合后 1 次肌内注射。药量过大，肌内注射用药后有的病狐会出现精神发呆，两眼发直，躯体因药力作用而发生轻微抖动，站立不稳等症状，但很快消失。用药 10 日后患处痂皮开始脱落，并长出新毛，食量明显增加，体质恢复正常。为防止复发，可于 7 日后用同样的药量再肌内注射 1 次，能有效根除螨虫病。

【预防】 对病狐应隔离饲养，要经常对狐场进行彻底清理消毒，禁止外界各种毛皮动物进入狐场内。当狐患皮肤病时，要立即用显微镜检查，以便确诊有无螨虫的存在。对患有螨虫病狐要早发现，早隔离、早治疗，降低发病率。

四、球虫病

由于球虫寄生于狐小肠和大肠黏膜上皮细胞内而引起，临床上主要表现为肠炎。

【症状】 一般于严重感染后的 3～6 天，开始出现水样腹泻或排出泥状粪便，或带有黏液的血便。患狐轻度发热，精神沉郁，被毛无光泽，消化不良，便血，进行性消瘦，最终因衰竭而死亡。如果病狐抵抗力较强，一般在感染 3 周后临床症状可逐渐消失，自行康复。老龄狐一般抵抗力较强，常呈慢性经过。

【诊断】 球虫病的诊断可用饱和盐水浮集法检查粪便中有无卵囊的形态、特征、数量以及病狐的临床症状(肠炎、进行性消瘦)和流行病学资料进行综合判定。必要时可结合剖检进行诊断。

【治疗】 磺胺类药物是有效的治疗药物。复方敌菌净、球虫宁、磺胺-6-甲氧嘧啶等，首次用药量为每千克体重 50～100 毫克，以后每 12 小时投药 1 次，剂量减半。此外，应注意改善饲养管理和增强机体抗病力。

五、虱

北极狐虱是属于昆虫纲、虱目。虱体格小、扁平、无翅、呈黄白色或灰白色。是以狐毛、表皮、鳞片为食的寄生虫。

【症状】 虱长期寄生在北极狐的被毛中和耳朵里，影响狐的生长发育。特别是幼狐，由于受虱的侵袭，使幼狐奇痒不安，常用爪搔抓被侵害的部位使皮毛损伤，影响皮张质量，使皮张降价。

【治疗】 使用25％敌杀死，将250倍稀释液喷洒在虫体寄生部位，1小时内可使虫体全部致死。冬季用20％蝇毒磷粉25克，加白陶土975克配制成药粉，装入纱布袋中，往狐全身毛绒中撒播，10天后再重复1次，能全部消灭虱。

【预防】 让每只狐每天都能见到阳光，并经常在狐笼下面撒适量的生石灰粉，能防止虱病的发生。

第七节　狐的泌尿生殖系统疾病

一、乳房炎

北极狐乳房炎是单个或多个乳房发炎过程，分为急性、慢性及囊泡性乳房炎。

【病因】 乳房炎由乳腺感染而发生。主要原因是母狐泌乳不足，同窝仔狐多，互相争乳致使咬伤乳头感染引起乳房炎；母狐泌乳多，仔狐少吃不完，使乳汁积存在乳腺内，也会造成乳房炎。

【症状】 母狐在笼内来回徘徊不进产仔箱，拒绝给仔狐哺乳，食欲逐渐减退，乳房肿胀、硬结，而后感染化脓，有时破溃，流出红黄色脓汁。这时拒哺仔狐，而引起仔狐生长停滞、体质消瘦。根据母狐表现，乳房明显肿胀发炎，结合局部检查可确诊。

【治疗】 氨苄青霉素0.5克，用0.25%普鲁卡因液稀释，在乳房周围分点注射，每日2次，并在饲料中加入土霉素粉0.25克，可止痛消炎。如已化脓可切开患部排脓，用3%过氧化氢溶液洗患部，而后涂上红霉素软膏。

对食欲差的母狐可用10%葡萄糖注射液20～40毫升皮下注射，并用林可霉素注射液2毫升，维生素C 2毫升肌内注射，每日2次。可将未分窝的仔狐取出，另找母狐代养或暂时人工饲养。

【预防】 母狐产仔期要加强饲养管理，经常查看产仔母狐乳房部位及仔狐生长发育情况，发现乳房有异常变化，应及时给以治疗。

二、子宫内膜炎

【病因】 北极狐在交配过程中由阴道或子宫带进异物或感染物而致病。特别是交配次数较多的狐，感染的概率高。近年来，该病在我国一些大型养狐场中时有发生，影响繁殖，损失较大。

【症状】 本病对成年或青年种狐均有感染，多发生在交配后的7～15天。病初表现食欲减退或不食，精神不振，外阴部流出少量脓性分泌物。严重时，流出大量带有脓血的黄褐色分泌物，并污染整个外阴部周围的被毛。病狐精神沉郁，体温升高，常卧于笼网一角。如不及时治疗，死亡率较高。

【治疗】 及早发现，每只每次可肌内注射氟苯尼考2毫升，每日2次，亦可用复方林可霉素2毫升肌内注射，每日2

次，或者用乳酸环丙沙星肌内注射，每只 2 毫升，效果较好。重病狐，可先用 0.1%高锰酸钾溶液或洁尔阴溶液清洗阴道和子宫后，再用上述药物治疗，效果更好。

【预防】 预防本病要加强狐场的卫生管理，配种前每只母狐每日喂土霉素 2 片，早、晚各 1 片，并要对笼舍用喷灯火焰消毒 1 次，对种公狐的包皮及母狐的外阴部，最好用 0.1%高锰酸钾溶液或洁尔阴溶液擦洗 1 次，以消除感染源。

三、流　产

母狐流产即妊娠中断，随后胚胎完全或部分消散，或从阴道内流出死狐或早产胎狐，是母狐产仔前期的常见病。

【病因】 造成母狐流产的原因很多，如食物中毒、饲料配方不合理、各种传染病、寄生虫病等，都能引起母狐流产。对笼养狐来说，主要的原因是饲养管理不当，如饲料变质，缺乏某种维生素或矿物质等。

【症状】 初期流产一般无明显症状，在妊娠初期，部分或全部死胎被母狐体内吸收，会引起子宫内膜炎，中、后期流产在笼底下可看到鲜红色血液，阴部不干净，有臭味，体温升高。有时母狐隐性流产，胎儿妊娠终止后被母体吸收，只见母狐腹部逐渐缩小，无任何症状。根据母狐阴部流出血迹和死胎狐，即可做出诊断。

【治疗】 对已经流产的母狐可用甲磺酸达氟沙星注射液 2 毫升肌内注射。如果子宫内膜炎，可用 0.2%高锰酸钾溶液、3%过氧化氢溶液反复冲洗子宫，或者直接向子宫内注入氟苯尼考 1 毫升。发现流有发育不全胎狐，或因机械损伤而流产的新鲜胎狐，有鲜血时，应立即用黄体酮 2 毫升肌内注射，饲喂保胎丸进行保胎。对发生过流产的母狐，到取皮期一律取皮，不再留做种用。

【预防】 将受胎母狐放在安静地方，不能让孕狐受惊，饲料配方要多样化，饲料中要加大维生素E的供给量，能预防流产的发生。

四、难 产

北极狐在人工饲养条件下，体态过胖的母狐难产较多，也是在母狐繁殖期才发生的产科病。

【病因】 孕狐食入变质饲料，导致中毒，胎狐腐烂而难产；母狐过胖，子宫收缩力弱；初产母狐骨盆、产道狭小，子宫颈挛缩；子宫、产道炎症、胎狐胖、死胎、畸形胎或胎势和胎位不正常等，都会造成临产母狐难产。

【症状】 多数难产母狐都超出预产期，表现出烦燥不安，发出痛苦的叫声。来回在产仔箱与笼内奔走，努责、排便等分娩表现。有时从阴道流出褐红色血污。病狐还有舔外阴部等表现；有时胎狐刚露出阴门，被夹在产道内，这时难产母狐衰竭，子宫阵缩无力，往往钻进产仔箱内蜷缩不动，造成死亡。根据母狐临产前表现即可确诊。

【治疗】 对已露出胎狐的可人工催产。未见胎狐时，但确认子宫颈已开，可进行药物催产。肌内注射脑垂体后叶素0.5～1毫升或肌内注射0.1%麦角新碱1毫升。经2～3小时后仍不产时，可进行人工助产。先用消毒药液消毒外阴部，之后以液体石蜡做阴道内润滑剂，人工将胎狐拉出。如果催产和助产无效，种狐与狐皮市场价格较高时，应立即到兽医站请兽医进行剖宫取胎手术，抢救母狐与胎狐的生命。

【术后护理】 手术后将母狐放在温暖、清洁、安静的笼舍内，并喂给少量全价饲料、肌内注射青霉素80万单位，每日2

次。对食欲不好的狐，可肌注维生素 B_1 2 毫升。对产后流血的，可肌内注射止血敏每次 1 毫升，每隔 4～6 小时注射 1 次，不仅可止住子宫流血，并能加速子宫恢复。伤口处应经常涂擦 2%的碘酊，以防感染。

【预防】 平时留种狐不能饲喂过胖，母狐要体格均匀，中等膘情留种最好，可预防母狐难产的发生。

五、母狐哺乳后期瘫痪症

母狐在哺乳后期患瘫痪症是由于母狐产仔数多、泌乳量大而导致体内钙、磷比例失调而引起的，该病多见于 4 年以上的高产母狐。

【病因】 主要原因是平时饲养中饲料单一，使母狐体内钙、磷比例失调，而母狐产仔多，泌乳中需大量钙质来保障仔狐对钙的需求，母狐体内钙质消耗量大，没能及时补充，使母狐体内钙的代谢率降低，从而引起血钙浓度下降，造成母狐哺乳后期体内缺钙而瘫痪。

【症状】 母狐哺乳后期体质软弱，运动失调不能站立，后肢拖拉，只能靠前肢爬行，瘫痪卧于笼底。但体温、精神及食欲都正常。

【治疗】 用强力跛瘫宁 2 毫升，每日每只分早晚 2 次肌内注射，或用维丁胶性钙注射液，每日 1 次，每次 2 毫升肌内注射。同时，在饲料中加入骨粉 5～10 克或钙素母片，每日 2 次，每次 2 片。用鲜骨汤饲喂瘫痪母狐，效果也比较明显，能使母狐在仔狐断奶后，体质很快得以恢复。

【预防】 平时应加强饲养管理，经常在饲料中加入适量的骨粉、钙素母片、鲜骨汤等，都能有效预防母狐哺乳后期瘫痪症的发生。

六、尿湿症

北极狐尿湿症是尿液浸湿腹部绒毛，引起尿道口及皮肤过敏发炎而发病，常见于当年小公狐。

【病因】 尿湿症是因腹部绒毛被尿液浸湿，变黄甚至脱毛、尿道口过敏发炎而发病。2 月龄的幼狐易发，往往会使全窝发病。该病是由于饲料中脂肪含量偏高，磷和钾的比例失调而引起的尿道感染所致。饲养管理不当也可诱发该病。

【症状】 病狐营养不良，可视黏膜苍白，频频排尿而不直射，尿液淋漓，尿道口周围毛绒被尿液浸湿，重者几乎全腹部绒毛浸湿发黄。病程长时，尿液刺激皮肤，皮肤出现红肿、糜烂和溃疡，造成被毛脱落。

【治疗】 大群发病时，一定要在饲料中增加新鲜的动物性饲料、酵母和鱼肝油的给量。重者可给乌洛托品解毒利尿，同时用氨苄青霉素 40 万～60 万单位、维生素 B_1 2 毫升，分别 1 次肌内注射，连用 6 天。

【预防】 合理调配各种饲料，减少饲料中脂肪含量，不饲喂各种变质的脂肪含量高动物性饲料，供给充足饮水。

七、阴道炎

母狐阴道炎是母狐阴道内和阴道黏膜的炎症，常见于经产母狐。

【病因】 该病是由敏感菌、病毒、支原体、衣原体等病菌所引起的，主要原因是母狐在发情期和分娩时受敏感菌的感染而引起阴道发炎，常造成母狐空怀、流产及仔狐生长发育不良等症，母狐阴道炎是严重影响北极狐繁殖的性传染病。

【症状】 病狐外阴痒痛不安，不断回头用嘴舔阴部。宫颈炎、阴道炎使阴道内时常流出脓性分泌物，阴道黏膜流血、肿胀或溃烂，有腥臭味。

【治疗】 选用土霉素 2 片，每日 2 次，混入饲料内饲喂，同时也可用适量的洁尔阴溶液注入阴道内，也能杀死阴道内各种病菌，用药 7 天后可治愈。

【预防】 母狐在配种前用洗泌太液冲洗阴道 2 次，再连续饲喂 7 天土霉素片，每日 1～2 片，母狐配种后注射青霉素 40 万单位或氟苯尼考 1 毫升，能有效预防母狐阴道炎的发生。也可用加德纳氏菌疫苗在配种前 30 天进行免疫，仔狐分窝后 20 天同老狐一起进行第二次免疫，可根除该病。用量用法请看疫苗使用说明书。

第八节　狐的呼吸系统疾病

北极狐的普通疾病种类繁多，平时若饲养管理不当，发现病情迟，治疗不及时，普通病也会给养狐场造成一定的经济损失，所以养狐场能否持续发展在很大程度上取决于对各种疾病的预防措施及控制程度。

一、感　冒

北极狐感冒是因气候变化，受寒或受热，使北极狐体内发生系列病理与生理变化而引起的呼吸道感染。由于被侵害的部位不同，所以可出现鼻炎、咽喉炎、气管炎和肺炎。

【病因】 秋末冬初或寒冷冬季的气温变化，饲养管理不当，粪尿污染，寒风袭击，被毛浸湿受寒，长途运输等使狐体质下降，抵抗力降低，均可引起感冒的发生。

【症状】 病狐精神沉郁，不爱活动，食欲减退，体温升至

40.5℃以上，鼻镜干燥，眼结膜潮红，有的从鼻孔中流出水样液，有时咳嗽，呼吸不畅、加快，有的出现呕吐，病狐常卧于笼底蜷缩成团。

【治疗】 选用庆大霉素8万单位，氨基比林2毫升肌内注射，每日2次。也可用安痛定1片，病毒灵1片，维生素B_1 2片，拌入饲料中饲喂。必要时饲喂感冒灵，每日2次，每次1粒。

【预防】 冬季要加强饲养管理，改善饲养环境，将狐笼放在背风向阳的地方，注意防寒、保温，喂给各种易消化的新鲜饲料，能有效地预防北极狐感冒的发生。

二、肺 炎

北极狐肺炎是呼吸道中严重的一种常见病，多发生于感冒未愈的仔、幼狐，成年狐发病少。病狐及时得到治疗大多可治愈。

【病因】 仔、幼狐肺炎多因感冒而继发。平时饲养管理不当，受物理或化学因素的刺激都可引起肺炎、急性肺炎的发生。

【症状】 病狐精神沉郁，体温升高，鼻镜干燥，呼吸急促，有时咳嗽，粪便干燥，食欲不强，饮水增多，有时发生畏寒战栗。

【治疗】 氨苄青霉素40万～60万单位，双氢链霉素20万～40万单位，地塞米松2毫升，氨基比林1毫升，混合肌内注射，每日2次，连用3天。并补给10%葡萄糖20毫升，皮下注射。也可用维生素C 2毫升，恩诺沙星2毫升，每日2次，肌内注射。对病轻仔狐用土霉素片1片，增效磺胺1片连续服5～6天，效果也良好。

中草药，麻黄30克，杏仁30克，甘草30克，生石膏150克，煎后去渣，药汤拌入饲料中饲喂，可治疗30只狐的肺炎，效果良好。

【预防】 预防肺炎主要是加强防寒、保温措施，防止感冒。对患肺炎的病狐应及时治疗、精心护理，补给新鲜易消化的饲料，使其增强抗病力。

第九节　狐的消化系统疾病

一、卡他性胃肠炎

北极狐卡他性胃肠炎是胃肠表层黏膜的炎症，主要表现胃肠运动和分泌障碍。常出现腹泻。

【病因】 造成卡他性胃肠炎的主要原因是饲养管理不当，饲料质量差。其次是风寒感冒，维生素A缺乏，饲料中混有铁丝、铁钉或碎玻璃片等被狐误食后，均可引起卡他胃肠炎。此外，有些饲料中混有化学药品和农药等也会引起胃肠炎。

【症状】 病狐食欲减退，而后拒食，精神沉郁，弓腰蜷腹，便稀，颜色有绿、白、黄色，有时呈黏稠的胶冻状。也有时排泄出未消化的饲料残渣，有时病狐出现呕吐。幼狐腹泻严重时常出现脱肛，被毛粗乱。

【治疗】 饲喂土霉素片或氟哌酸胶囊每日2次，每次1～2片，连续饲喂5～6天，效果良好。

对病重的狐可用链霉素0.5克，维生素B_1 2毫升，也可用良他霉素注射液2毫升，每日2次肌内注射。同时饲喂痢特灵1片，复合维生素B 1片每日2次。改善饲养管理，饲喂新鲜饲料，保证清洁饮水。

【预防】 严格遵守饲养管理操作程序，变换饲料时应逐渐增减，让狐有一段适应习惯过程。同时严禁饲喂发霉、变质的饲料。要满足狐对矿物质和维生素的需求量。

二、幼狐胃肠炎

幼狐胃肠炎，多发于刚分窝后的幼狐。这时幼狐胃肠功能很弱，一旦饲养失误，就容易引起幼狐胃肠炎，治疗不及时，死亡率高。

【病因】 当幼狐会采食时，因饲料腐败变质，新鲜程度差，饲料配制不合理，卫生条件差，都会引起幼狐胃肠炎的发生，也易导致传染性胃肠炎的流行。

【症状】 病狐常发出微弱的叫声，腹围稍臌胀，持续出现腹泻、呈水样，大便有恶臭、混有血液、黏液与脱落的肠黏膜，有时也混有脓液。食欲减退，个别有呕吐现象，有时排出未消化的饲料。病程稍长的，发育缓慢，消瘦，呈贫血状态，被毛蓬松无光泽，严重有脱肛现象。

【治疗】 每只幼狐用痢特灵或土霉素 0.5～1 片，复合维生素 B 水 10 毫升，混合在饲料中饲喂；可用良他霉素 2 毫升每日 2 次肌内注射。病情重的，可选用氟苯尼考 1 毫升，维生素 C 2 毫升，每日 2 次肌内注射，10％葡萄糖 20 毫升，皮下多点注射。

【预防】 仔狐断奶时，先给新鲜易消化的饲料。刚分窝的仔狐应强、弱分开，防止抢食造成饥饱不均。笼舍、小舍要经常打扫，保持清洁干燥。定期在饲料中加入单用土霉素粉，每只幼狐可按 0.1 克搅拌入饲料中，以预防幼狐胃肠炎的发生。

三、仔狐消化不良

仔狐与幼狐的消化不良症，主要是胃肠功能紊乱引起的综合征。发病主要在35～40日龄断奶前后的仔狐。若不及时防治，可形成“僵狐”，甚至死亡。

【病因】 主要由于喂给母狐发霉变质、不新鲜饲料，引起母狐胃肠疾病，导致仔狐消化不良；其次是母狐饲料营养不全，B族维生素缺乏时也可引起仔狐消化不良。

【症状】 仔狐肛门周围被粪便污染。被毛蓬松、失去光泽，头大体瘦，肋骨裸露，或腹部臌胀、腹泻、呕吐、粪便稀薄，呈灰黄或灰褐色，常含有气泡。口腔恶臭，舌苔灰色，口腔黏膜色泽变淡。该病持续4～6天，一般能自然痊愈，但生长发育受阻。

【治疗】 对消化不良的仔狐、幼狐，经常在饲料中加适量的附子理中丸、保赤丸、胃蛋白酶、酵母粉等。对病情较重的狐用土霉素粉0.15克，拌入饲料中饲喂，也可用良他霉素2毫升、维生素B_1 1毫升，肌内注射，每日2次，4天即可治愈。

【预防】 哺乳母狐饲料必须营养全面，防止饲喂发霉变质饲料；仔狐补饲时，必须坚持定时、定量、定质，搞好环境清洁卫生；冰冻的动物性饲料喂前先用水浸泡，将冰碴除掉，绞制后再饲喂。

四、胃扩张

北极狐胃扩张病，是由于北极狐采食大量易发酵的动、植物性饲料，饲料在胃内发酵产生大量气体，致使胃室快速臌胀而引起了的一种疾病。此病多发于春夏季节，如发现不及时，极易引起死亡。

【病因】 主要原因是贪食过量，或采食不新鲜易发酵饲料、未煮熟谷物性饲料等引起，也可引起胃肠炎与消化不良等疾病。

【症状】 在仔狐断奶分窝时期，仔狐常在采食后不久发病，病狐腹痛不安，腹围增大，叩诊有鼓音，压有弹性，用手能感觉到腹内有大量气体，病狐呼吸困难，头颈伸直，常趴卧笼底，并不断发出呻吟声。如果治疗不及时，多因心力衰竭、窒息而死亡。

【治疗】 首先查明引起胃扩张的原因，制止胃室继续发酵，消除胃室中气体和恢复胃的运动功能。用肠胃舒 2 毫升肌内注射，能快速使臌胀气体消失，也可采用小木棍让狐衔在嘴里，然后慢慢地向病狐嘴里灌入熟制的食用油 15～20 毫升，食用油入胃后能很快消除胃扩张；也可将病狐放在地面，让病狐活动，也能缓解病情。急病时，也可用 6 号针头穿刺胃室排气，而后向胃室注入或从肛门内灌入 20 毫升食用油，能快速缓解病情，但病狐死亡率较高。

【预防】 狐场要严格加强饲养管理，未成年狐实行单笼饲养，采用定时、定量喂养，防止贪食过量，平时在饲料调制时定时加入土霉素粉、饲料酵母粉或兽用补血健胃添加剂等，及时清除食具中剩余饲料，这样就能有效地预防北极狐胃扩张的发生。

第十节 狐的神经系统疾病

一、仔狐脑水肿

仔狐脑水肿是一种遗传性疾病，同窝公、母狐近亲交配会造成仔狐脑水肿病的发生。

【病因】 脑水肿就是大头病，是一种遗传性疾病。

【症状】 仔狐生后头大，后脑突出形似鹅蛋，用手触摸时，感到十分柔软并有波动感。切开肿胀部位，流出大量液体，并形成空洞。仔狐精神沉郁，吸吮能力弱，体质软弱呈进行性消瘦，愈后毛皮质量差。

【预防】 此病在一般条件下治疗无效，仔狐死亡率高。母狐发情期防止近亲交配，能有效预防该病的发生。所有患脑水肿的病狐在取皮期应一律淘汰。

二、中　暑

北极狐中暑是由于夏季气温高、空气干燥，北极狐在烈日下暴晒，发生体温升高，导致中枢神经紊乱、血液和呼吸系统功能失调而引起的。北极狐中暑是夏季气温高时常见的急性病，如不采取有效治疗措施，即会造成死亡。

【病因】 该病多发生在7～8月份，在温度高、风速小的环境中，北极狐体内散热困难，使狐体内产生的热量大量积聚，加之烈日暴晒时间过长而引起中暑。

【症状】 该病能引起颅内血管扩张，脑与脑膜充血，脑水肿等。有时因体温过高而引起高度神经麻痹，血液循环衰竭。病狐出现体温升高，可视黏膜呈树枝状充血，鼻镜干燥，有剧渴感。病狐四肢伸直卧于笼底网上，张口伸舌，剧喘，并发出刺耳的尖叫声。严重时精神委靡，头部颤抖，体躯摇晃，口吐白沫，前腹部逐渐臌胀，昏迷后全身痉挛而死。有些病狐中暑2～3天后死亡。

【治疗】 迅速将病狐移至阴凉和空气流通的场所，供给饮水。为使病狐体温降低，可把病狐放在水泥地面上或电风扇下，然后慢慢向全身各部位浇冷水，效果较好。为增强心脏功能，可肌内注射强心剂尼可刹米1～2毫升；皮下多点注射葡萄糖盐水20毫升；也可灌藿香正气水，每次每只5毫升，仔狐减半。

【预防】 夏季尤其在炎热的中午和下午必须保证足够的饮水。必要时向笼网或地面喷洒冷水，用篱笆或草帘遮挡笼舍，防止日光直射，保证棚内通风良好。高温季节，狐场饲养人员要及时观察狐群动态。长途运输应尽量避开炎热的中午，以预防中暑。

第十一节 狐的营养代谢疾病

一、维生素A缺乏症

北极狐维生素A缺乏病是因狐体内缺乏维生素A而引起上皮细胞角化的一种疾病。

【病因】 平时饲料中维生素A的供给量不足，达不到狐体内所需量。饲料中维生素A遭到了破坏，病狐患有慢性消化器官疾病，严重影响到对维生素A的吸收和利用。饲料中添加了变质的油脂、油饼、骨肉粉及蚕蛹等。使用氧化了的饲料，使维生素A遭到破坏，导致维生素A的缺乏。

【症状】 当维生素A缺乏时，会引起神经失调、抽搐和头向后仰，此时病狐失去平衡易跌倒，仔狐肠管正常功能常常被破坏，出现腹泻，粪便中有少量黏液和血液。繁殖期缺乏维生素A时，公狐表现性欲减退，睾丸缩小，精子活力不强，精子畸形和死精等。母狐发情不正常，性周期紊乱，造成失配、空怀、流产、死胎或胚胎被吸收。当仔狐患维生素A缺乏症时，生长发育停滞，出现消化功能紊乱，腹泻、体质衰弱、换牙推迟和进行性消瘦。

【诊断】 该病在临床上没有典型症状，不易判定。必须通过对饲料进行全面分析，从中找出依据，结合临床症状和剖检变化，并采用维生素 A 治疗有明显效果等，进行综合诊断。

【治疗】 在饲料中喂鲜肝、奶、蛋等，连续饲喂 2 周以上。在饲料中添加维生素 A 3 000 单位。病情严重者，也可肌肉注射维生素 A 油剂 5 000 单位，强力跛瘫宁 2 毫升，每日 2 次。

【预防】 合理搭配饲料，注意调配方法，避免饲料中维生素 A 遭到破坏。不喂腐败、变质饲料，经常补给维生素 A，每日每只 3 000 单位。特别在准备配种期、妊娠期、哺乳期饲料中应有足够量的中性脂肪和鲜肝。为了避免抗干扰素的同化作用，饲料中可添加维生素 E 和维生素 C，效果良好，能预防维生素 A 缺乏症的发生。

二、维生素 E 缺乏症

北极狐维生素 E 缺乏症，是北极狐体内缺乏维生素 E 引起的母狐的不孕或流产的重要原因之一。

【病因】 维生素 E 缺乏症，主要是饲料中缺乏维生素 E。饲料中维生素 E 的缺乏除供给不足外，与动物性饲料的贮存和加工也有很大的关系。动物性饲料贮存时间过长，使脂肪氧化酸败，都容易使维生素 E 遭到破坏。长期喂给冷冻的脂肪含量高的鱼类，也会使饲料中的维生素 E 遭受到破坏。

【症状】 主要是破坏繁殖功能，公狐表现性欲低，精子活力下降。母狐表现发情期延长，不孕和空怀数增加。仔狐生下后精神不振、体质软弱、无吮乳能力，死亡率亦高。

【诊断】 根据临床症状特点，可以做出诊断。在确诊时，还必须进行饲料分析，特别要注意饲料的质量，当饲料中发现脂肪已经氧化，在饲料中又未能及时补充维生素 E 时，即可确诊。

单纯维生素 E 缺乏症较少见，大多数与脂肪组织炎并发。脂肪组织炎的特点是，皮下高度水肿浸润，尸体好像浸在血样液体中，脂肪呈黄色，皮下脂肪和皮肤不易分离。

【治疗】 用维生素 B_1 1 毫升，维生素 E 2 毫升，肌内注射，用维生素 E 每只 2 毫克，青霉素 40 万～60 万单位，磺胺嘧啶每只 2 毫升，肌内注射，每日 2 次；也可用维生素 E、土霉素、乳酶生，每日 2 次，每次 2 片拌入饲料中饲喂。

【预防】 在配种、妊娠和哺乳期，预防维生素 E 缺乏症，不饲喂脂肪氧化的饲料。在配种期增加新鲜的含维生素 E 丰富的各种动物肝脏。平时在饲料中常添加维生素 E 油剂，可预防维生素 E 缺乏症的发生。

三、维生素 D 缺乏症

北极狐维生素 D 缺乏症也称佝偻病，该病多发生于幼狐，使骨骼组织生长发生障碍。幼狐生长发育快，对钙、磷的需求量高，平时供给幼狐饲料中缺少钙、磷，供给不足或维生素 D 缺乏，都会引起该病的发生。

【病因】 饲料中钙、磷比例失调，日光照射不足时，转化维生素 D 的功能发生紊乱，饲料中维生素 D 不足时，都可引起该病。

【症状】 仔狐易发生该病。主要表现在生长的最旺盛时期，佝偻病的发生呈渐进性。病初食欲降低，走动时肢势不正，逐渐消瘦，生长发育停滞，被毛蓬乱，常常发生胃肠道功能紊乱，有时出现强直性全身痉挛。病情严重时，病狐精神沉郁，步行不稳，肌肉松弛、关节肿大，颚骨肿大、肋骨下端明显凸起，脊椎骨弯曲，腰椎下陷，严重的拖地爬行。

【诊断】 根据症状、表现、剖检变化、饲料分析和明显的腿骨变形即可做出诊断。

【治疗】 在饲料中补给维生素 D 2 000 单位，连续喂2～3 周，然后逐渐降到预防量(每日每只 1 000 单位)。对严重的病狐，肌内注射维生素 D 1 毫升，连续 10 天。当并发消化不良病时，喂给全价易消化的饲料，同时在饲料中供给维生素 D 3 000 单位，钙素母片 0.5 克，每日 2 次，直至痊愈为止。

【预防】 在饲养管理上注意改善光照条件。仔狐生长期间，在饲料中每日每只加鲜骨汤 30 克或骨粉 2 克，在饲料中要有一定比例的鱼、兔头和骨架；每日每只补喂维生素 D 1 000 单位。

为了有效预防钙、磷代谢障碍病的发生，日粮要保证钙、磷的比例平衡。另外，要保证维生素 D 的供应。

四、维生素 B_1 缺乏症

维生素 B_1 缺乏症是因维生素 B_1 不足引起北极狐食欲减退，运动失调为特征的疾病。

【病因】 北极狐体内所需要的维生素 B_1 体内不能合成，必须从饲料中获得。饲料中维生素 B_1 含量不足、饲料不新鲜、贮存时间过长使饲料变质，长期饲喂生淡水鱼等，均可引起维生素 B_1 缺乏症。

【症状】 维生素 B_1 不足时，会引起多发性神经炎，病狐表现厌食或拒食，消化功能紊乱，鼻镜干燥，腹胀腹泻，全身蜷缩、消瘦，被毛蓬乱，步样不稳，可视黏膜苍白，共济运动失调，后肢麻痹不能站立。妊娠母狐可导致胚胎吸收、难产、死胎，产后母狐缺奶，仔狐生命力弱，死亡率高。

【治疗】 先用维生素 B_1 2～3 毫克，土霉素 0.25 克，拌入饲料中饲喂。再用维生素 B_1 2 毫升肌内注射。若在妊娠后期出现流产、烂胎时，可用维生素 B_1 2 毫升，维生素 E 2 毫升、艮他霉素注射液，每日 2 次，每次 2 毫升肌内注射。

【预防】 平时饲养中经常饲喂各种新鲜疏菜，在饲料中添加酵母粉、维生素 B_1，能有效预防维生素 B_1 缺乏症的发生。

五、维生素 B_6 缺乏症

本病多在狐繁殖期发生，当维生素 B_6 不足时，公狐出现无精子，而母狐引起空怀或胎狐死亡，仔狐生长发育迟缓。因此，一旦饲料中缺少维生素 B_6，会给养狐生产造成很大损失。

【症状】 患狐食欲减退，上皮细胞角化，发生棘皮症者后肢出现麻痹，小细胞性低色素贫血。妊娠母狐空怀率增高，产出的仔狐死亡率增高。公狐性功能消失或无性反射，无精子。公狐睾丸明显缩小，睾丸内变性，检查无精子。仔狐表现生长迟缓。母狐表现发情和妊娠推迟。据报道，健康公狐出现尿结石与缺乏维生素 B_6 有关。

【治疗】 及时用维生素 B_6（吡哆醇）制剂进行治疗。种狐发情期用 1.2 毫克，每日 1 次。冬毛生长期用 0.9 毫克。育成期用 0.6 毫克，可拌在饲料中给予。如果是针剂，可按比例计算用量进行注射。

【预防】 为了避免狐发生维生素 B_6 缺乏症，要求日粮中维生素 B_6 的量每 100 克干物质中不少于 0.9 毫克，可获得良好的预防效果。

六、维生素 B_{12} 缺乏症

维生素 B_{12} 的缺乏或不足，可引起狐贫血。饲料中缺乏维生素 B_{12}，成年狐经 8 个月以后，幼狐经 3 个月以后便出现缺乏症。

【症状】 狐表现为血液生成功能障碍性贫血，可视黏膜苍白，食欲废绝，消瘦，衰弱。如在妊娠期发生，仔狐死亡率高，银黑狐发生本病，表现全身性贫血，黏膜苍白，仔狐发育不良，实质器官萎缩、变小，肝、脾边缘变薄。

【治疗】 用维生素 B_{12} 治疗，效果较好。每千克体重肌内注射 10～15 微克。隔 1～2 日注射 1 次，治愈为止。

【预防】 为预防本病，饲料中维生素 B_{12} 要按标准给予，能有效防治。

七、维生素 C 缺乏症

维生素 C 缺乏症是维生素 C 供量不足时，会引起新生仔狐"红爪病"，是仔狐分窝前后的常见病。

【病因】 妊娠母狐由于体内维生素 C 不足，引起仔狐患病。维生素 C 缺乏时，使母狐体内的结缔组织与支持组织细胞中间物质的生成发生障碍。因此，狐表现骨骼带破坏，白细胞的生长受到抑制。

【症状】 仔狐易发生红爪病，成狐很少发生。仔狐发病后，爪掌肿大、皮肤发红、四肢水肿、关节变粗、足垫肿胀、严重时破裂。发出尖叫声，爬行困难，向后仰头，不能吸吮母乳。成狐发病时，在笼内不安、时而发出尖叫，母狐常把仔狐叼到舍外乱跑或咬死仔狐，叼出舍外。

【治疗】 肌内注射维生素 C 2 毫升，每日 2 次。50%葡

萄糖 20 毫升混合后用滴管点喂，每日 2 次。敌百虫半片，用 10 毫升温水溶成乳白色溶液，涂擦足垫部，每日 2 次，2 天为 1 个疗程，隔日进行第二个疗程。3 天后患部呈灰白色，肿胀消失。

【预防】 防止维生素 C 缺乏症，必须保证母狐新鲜优质全价的饲料，保证有足够的维生素 C，淘汰发生过该病的狐，这样才能有效预防维生素 C 缺乏症的发生。

第十二节　狐的中毒性疾病

在北极狐养殖业中，各种食物与药物中毒是经常发生的，由于北极狐对有毒物质反应极为敏感，一旦发生中毒，发病急，一时又难以找出解毒的有效方法，给养狐场损失也很大。

一、食盐中毒

食盐中毒在养狐中时常发生。食盐中毒是由于饲料中加盐过多或调配饲料时搅拌不均所造成。

【病因】 饲料中食盐的添加量过多，饲料搅拌不均，有的鱼粉中脱盐不彻底，都能引起食盐中毒。

【症状】 患狐干渴、呕吐、流涎，有胃肠功能紊乱等表现。外观病狐呼吸急促，瞳孔散大，全身无力，可视黏膜呈青紫色。严重时，口吐带有血丝的泡沫或表现为癫痫样发作。运动失调。尾根翘起、体温下降。死前四肢乱动。

【治疗】 发生食盐中毒时，立即供给豆奶，汤中加牛奶。饲料减半，停喂食盐。同时，在饲料内平均每只狐添加矽炭银 0.2 克，碳酸氢钠 0.1 克，鞣酸蛋白 0.1 克，重病狐可用牛奶当成饮水。病狐高度兴奋不安者，可给溴化钾等镇静药品。

精神沉郁，心力衰竭者，皮下注射维他康复1毫升，用10%葡萄糖溶液20毫升，皮下多点注射或灌肠。

【预防】 在配制饲料时，严格掌握食盐的用量，将盐粒磨碎后，再反复将饲料搅拌均匀后才能饲喂，能有效预防食盐中毒的发生。

二、鱼 中 毒

鱼中毒一般表现食欲不振，大批剩食、呕吐、卧于笼中，后躯麻痹以及抽搐等。

【病因】 引起北极狐鱼中毒的有毒鱼类有：海鳗鱼，在血液中含有毒素；新鲜巴鱼，体表有一些有毒物质；河豚鱼的血和卵巢有毒；繁殖的惶鱼头和卵子有毒；鲭鱼的肝脏有毒。

【症状】 北极狐中毒后主要表现为精神沉郁，呼吸困难，可视黏膜肿胀，并有肠炎症状，多见于死亡。

【治疗】 中毒严重的可用50%葡萄糖20毫升，皮下注射，青霉素60万单位、维生素C 5毫升、硫酸阿托品0.5毫克，每日2次，肌内注射。

【预防】 对鱼类饲料进行调配时要严格检查，禁喂不新鲜的、可疑的和有毒的鱼类。如果一旦发现狐因食鱼而引起中毒的现象，首先停喂原配饲料，应用新鲜的动物性饲料，特殊病例可采取对症疗法，强心、补液、解毒等综合措施。

三、敌百虫中毒

敌百虫对北极狐有不同程度的毒性，可通过消化道、呼吸道、皮肤和黏膜进入狐体。

【病因】 误食了被敌百虫污染的食物或用敌百虫治疗北极狐寄生虫时被其舔食而中毒。

【症状】 病狐食量降低，精神不振，稀便中并带有黏液，口流蛋清样唾液，严重时全身、四肢及耳发凉。

【治疗】 用50%葡萄糖30毫升、维生素C 5毫升、0.5%强尔心注射液1毫升混合后一次腹腔注射。再配合硫酸阿托品1毫升，用10毫升温水稀释，灌注直肠深部，幼狐药量酌减，经过治疗一般可以痊愈。

【预防】 在治体外寄生虫时，用药量要适当，药物溶液配比要准确，用药后不能让病狐舔食敌百虫药物溶液。

第十三节　狐的外科病

北极狐的外科病有：自咬症、咬伤、骨折、脓肿、脱肛、阴茎脱出等。

一、自咬症

北极狐自咬症是一种慢性疾病。呈阵发性兴奋，兴奋时病狐常咬自体某一部位，多数咬尾巴和后肢等部位，自咬程度剧烈时，皮张易造成损伤，严重降低毛皮的商品价值。原来该病在全国各地一些毛皮动物饲养场中广泛发生，现在大多数养狐场已没有该病的发生。国内外对该病病因有多种解释，大致有以下几种观点：传染病、营养不良、缺乏维生素等。笔者认为，狐自咬症是多种应激因素导致神经功能紊乱引起的，与神经类型有关，神经质类型的狐发病率较高。

【病因】 主要原因是母狐产仔时正值天气闷热的高温季节，母狐产仔后各部位关节松弛，体质未来得及恢复，又进入哺乳高峰期，产仔母狐体质较弱，把全部精力集中在仔狐育成上，仔狐生长45天时，开始分窝，突然母仔分离，造成母仔亲情上受到刺激，有的狐性急，在饲喂时喂晚了而引发自咬症。有时因环境改变、饲料改变也会引起狐自咬症的发生。鲁东南某养狐场已患自咬症母狐留种多年，妊娠哺乳期不发病，分窝后又开始发病，及时带套，可控制发病。该自咬症母狐产下后代留种，没有发生自咬现象，所以说自咬症不传染，也不遗传。母狐哺乳后期分窝期间易发病，仔狐分窝后，离开母乳刚开始独立生活时，发病率较高。

【症状】 病狐痛疼不安，反复发作，常在一个地方旋转，咬自体某一部位，并发出刺耳尖叫，损坏皮肤的完整性，重者咬掉尾巴尖、撕破肌肉，皮肤被咬部位流出鲜血。病狐对外界刺激敏感，常因外界刺激而引起兴奋发作。慢性病例多为良性经过，兴奋时间不规则，病狐兴奋间隔长短与天气变化有关。

【治疗】 目前尚无特效疗法，国内外动物学家及养狐场工作人员都曾试用许多药物对该病进行治疗，但效果不尽如人意。可根据实际情况采用以下方法治疗。

先拔去病狐犬牙，用软纸板做成一个 6 厘米左右宽，长度合适的围套，套在病狐脖子上，使病狐无法回头咬到自身。用洁尔阴、敌杀死、除癞灵混合成溶液，反复涂擦患处，而后涂上红霉素软膏，用氨苄青霉素 50 万单位、地塞米松 2 毫升、维生素 B_1 2 毫升每日 1 次，肌内注射，连续 7 天为 1 个疗程，效果较好。

【预防】 由于自咬症是由各种应激因素引起，该病多发生于仔狐 45 日龄分窝后，但由于潜伏期的长短不一，发病的时间也不尽相同。仔狐生长至 40 日龄时，应及时撤除产仔箱，将仔狐移到通风向阳的大笼内集体饲养一段时间再每 2 只一笼分开。平时饲料中营养要全面，配方要合理，经常在饲料中按每只狐加入维生素 E 20 毫克、维生素 B_1 10 毫克与少量芝麻，可避免自咬症发生。凡有自咬的病狐，到取皮期一律取皮，不能留做种狐；种狐在配种期杜绝近亲交配，这样才能有效地避免自咬症的发生。

二、咬　伤

北极狐咬伤是种狐发情期和仔狐分窝时常见的外科病之一。

【病因】 成年狐的咬伤多发生在配种期，主要是对母狐发情鉴定不准，母狐拒配。公狐有恶癖，放对后，公狐扑咬伤母狐，落地后未及时捉走母狐，都会使母狐被咬伤。仔狐咬伤多发生在分窝后，互相争食或狐笼相隔距离过近，都会造成咬伤。严重者可将后肢或舌咬断。

【症状】 咬伤部位不一样，配种时多在头部、耳、嘴、爪；仔狐争食多咬头部和四肢。咬伤面积不等，轻重不等，新咬伤处绒毛湿润，出血。陈旧的咬伤，绒毛多粘结一起，有的结痂，有的化脓，严重时化脓感染，有精神不振，食欲不好，体温升高等症状。

【治疗】 轻微咬伤的伤口，先用 3%过氧化氢溶液清洗、再用强力碘消毒后，在伤口上涂上红霉素软膏或撒上消炎粉。皮肤、肌肉已撕裂的病狐，除伤口消毒外，必要时可进行缝合手术。伤口化脓的狐，要用强力碘彻底清洗伤部，清除坏死组织，之后注射抗生素或磺胺类药物。体温升高时肌内注射青霉素 60 万单位，维生素 B_1 2 毫升。或肌内注射磺胺嘧啶钠液 2 毫升。

【预防】 对母狐发情鉴定要准确，不能强行配种，防止公、母狐相互咬伤。未分窝的狐喂食时，要有足够的食具，防止仔狐争食时咬伤。狐笼要修整好，预防狐笼有漏洞使狐窜出笼外，相互咬伤。

三、骨　折

北极狐的骨折是常见病之一，骨折可分全骨折、骨裂、闭锁性及开放性骨折。

【病因】 由于笼网眼的大小不适当，被邻笼狐咬住肢体或检查捕捉时发生骨折；同窝仔狐过多，饲料不足，互相抢食而发生撕咬，也能把四肢骨咬伤，而造成骨折。

【症状】 四肢骨折的特征是行走姿势异常，如三条腿走路、跳跃等情况就应认真观察和触摸不能着地的腿，看腿是否有明显的折断现象和局部剧烈疼痛反应。开放性骨折表现为皮肤撕裂，骨茬露出，流血，临床上很容易发现。

【治疗】 一般的骨折不用治疗，经过一段饲养可以自愈。但如发生在后肢影响配种时，应给予淘汰。骨折部位皮肤有伤的，应先消毒，再进行皮肤缝合，伤口滴入青霉素油 1 毫升，青霉素 40 万～60 万单位，每日 2 次，肌内注射，饲喂磺胺嘧啶或复方新诺明每日 2 次，每次 1～2 片。

也可以在饲料中加入炒熟的老黄瓜籽 3～4 克和去齿猪下颌骨的煅炭化粉末 10～15 克，成年狐每日每只 1 次可加入 20 克，仔狐酌减。

【预防】 捉狐检查时，要防止后肢卡到笼网眼上，把狐腿折断。平时应注意检查狐笼，预防狐笼有漏洞，使狐窜出笼外，咬伤其他笼子里的狐的狐腿。

四、脓　肿

北极狐脓肿是在组织器官内或皮下形成的空洞，内部有脓汁积存叫脓肿。是北极狐常见外伤疾病之一。

【病因】 肌体外伤，由于维生素 B_2 的缺乏，致使肌体失去对链球菌和化脓性葡萄球菌的抵抗力，各种铁钉、鱼骨刺、玻璃片、刺伤都会引起感染化脓性脓肿。

【症状】 脓肿多发生头额、耳壳、口腔、后腿等，病狐精神不振、病重者拒食，触诊时初期患部稍肿硬，发热、有疼痛感，以后逐渐变软，有动感，破溃流脓时，出现全身症状。骨刺、鱼刺所致的脓肿，发生在口腔中齿龈、颊部，炎症由口腔内外发炎，化脓后形成瘘管，与鼻孔相通，向外流脓。从外部看不易发现。

【治疗】 脓肿初期，在患部涂上鱼石脂软膏或红霉素软膏，可用消炎药物止痛及促进炎症产物消散吸收的方法。脓肿变软后可进行手术，用刀片在脓肿最软部切开排脓。尔后注入强力碘清洗患部。用氨苄青霉素 60 万单位和维生素 B_2 1 毫升进行肌内注射，并饲喂复方新诺明，每日 2 次，每次 1 片。

【预防】 消除外伤的病因，加强饲养管理，保证饲料内 B 族维生素供给，可预防该病的发生。

五、脱　肛

仔狐的直肠壁部分或全层脱出肛门外，称脱肛，是刚分窝后仔狐常见的多发病之一。

【病因】 仔狐发育不全，多因消化不良或腹泻等原因引起肛门括约肌功能松弛失禁，而造成直肠向外脱出。

【症状】 仔狐常在腹泻后，从肛门脱出鲜红略有水肿的圆柱形或弯曲肠管，轻者便后能自行回复，重者脱出的直肠因红肿复回缓慢，经常在笼网上摩擦或受到同笼仔狐吸吮时咬伤。治疗不及时，可导致部分直肠脱出后不能回复。脱出的直肠受伤后感染发生红肿，很容易造成仔狐死亡。

【治疗】 发病初期可用 0.2%高锰酸钾溶液清洗脱出的直肠，青霉素、链霉素各 40 万～60 万单位肌内注射，每日 2 次，然后用活蚯蚓 30～50 克放在清水中浸泡 30 分钟，让蚯蚓自行吐出腹中残留物，再把洗净的活蚯蚓放入 250 毫升烧杯中，加上白糖 50 克，溶化的糖汁慢慢被活蚯蚓吸入腹中，并将蚯蚓溶化成溶液后，取出蚯蚓的残皮。用棉球蘸鲜蚯蚓溶液轻轻擦洗患部，可见到脱出的直肠缓慢自行回复，每日擦洗 3～4 次，直到治愈为止，直肠恢复正常后，再擦洗 1 次，用药同时要加强饲养管理，喂适量的精饲料，控制腹泻，用此方治愈后不再复发。也可用粗线将肛门 1/3 处横向缝合，不影响排便。

【预防】 在仔狐吃食后，足期在饲料中加入土霉素粉 0.15 克，及时治疗仔狐的胃肠炎，可预防脱肛病的发生。

六、阴茎脱出

种公狐阴茎炎是种公狐在配种期，由于交配频繁或交配不当而引起的阴茎炎症。该病多见于发情早、交配次数多的种公狐。

【病因】 在整个配种期间，种公狐性欲亢进，频繁与发情的母狐进行交配，因交配时间长，或母狐还没进入发情旺期公狐强行交配，都能引起种公狐阴茎外伤而发炎。如果发现病情晚，治疗不及时，患部受到病菌的广泛侵袭而发炎红肿，使阴茎脱出，不能回缩到包皮中。

【症状】 病狐痒痛不安，时常坐在笼底用嘴舐阴茎，尿道口周围潮湿，阴茎红肿表面有渗出物流出。阴茎炎易观察到，不用其他辅助检查，便可确诊。

【治疗】 阴茎炎可用消炎止痛方法进行治疗，先用 3%

过氧化氢溶液或洗泌太液清洗患部，尔后涂上红霉素软膏。用氨苄青霉素 50 万单位、地塞米松 2 毫升，每日 2 次肌内注射，并在饲料中拌入氟哌酸胶囊或土霉素 2 片，经 3～4 天的治疗，阴茎便能恢复正常。

【预防】 在发情配种期要合理利用公狐，对性欲旺盛、交配能力强的公狐要经常检查，发现病情，及时治疗。并在公狐配种期间的饲料中加入适量的土霉素粉，能有效地预防种公狐阴茎炎的发生。

七、眼角膜炎

北极狐眼角膜炎通常是因异物擦破角膜上皮，治疗不及时，继发细菌性感染而引起的，多为慢性疾病，是常见的北极狐眼病之一。

【病因】 北极狐角膜炎有的是仔狐分窝前后因抢食打架抓伤或咬伤的，有的是被笼子上铁丝头刺伤的，有的是鼻泪管阻塞，都能引起继发性的细菌感染所致。

【症状】 该病的症状是眼睑边缘湿润，有脓性黏液聚集于眼角内，角膜红肿，因初期治疗不及时，角膜发生溃疡，常使上下眼睑粘连在一起，打开眼睑检查时，可见到角膜红肿，因溃疡而发生化脓。

【治疗】 发现病狐眼角潮红时，先用 2%盐水洗净眼睛，再用氯霉素眼药水反复清洗眼角膜，尔后用红霉素眼膏涂敷，或青霉素油剂 3 滴滴敷，连续治疗 7 天，常能取得较好疗效。

【预防】 仔狐分窝前后，加强饲养管理，发现有眼睑受伤的仔狐，应及时用药物治疗，并将受伤的仔狐单笼饲养，能防止北极狐角膜炎的发生。

附 录

一、狐场的经营管理

狐场的经营管理在我国还是一门新兴学科，因我国养狐业起步较晚，但发展较快，对狐场经营管理还处于初步探索阶段。随着我国加入 WTO 以后，我国农产品融入世界市场大潮中，养狐业生产的产品也迅速进入国际市场，给我国养狐业带来新的生机。由于狐皮制品畅销不衰，全国各地狐场数量也成倍增长，如何加强对狐场的经营管理就显得十分突出。经营管理不仅直接关系到养狐场的经济效益，也影响到我国养狐业的全面发展。怎样搞好狐场经营管理，这是我国各地狐场的经营者急需解决的新课题。下面把狐场产品结构、经营中应注意的问题介绍给大家，供广大养狐者参考。

（一）加强对市场信息的管理

市场信息对从事养狐业的生产者来讲，是能否获得经济效益的关键。狐场的生产规模、饲养的品种应根据市场对产品的需求量来确定，只有准确掌握市场对产品需求信息，养狐者才能有效地制定生产计划。比如今年冬季毛皮市场上哪种狐产品畅销，哪种狐产品滞销，尔后养狐决策者根据市场信息来组织生产，养什么品种狐、养多少合适，从而根据本场条件和资金来做好生产安排，这样就可以避免因信息不灵给狐场带来不应有的损失。

要掌握毛皮市场上的产品信息，就要充分利用多种现代化的通讯手段，通过各种媒体渠道广泛收集有关信息，还要亲身到实地考察，多方面了解情况，随时掌握和了解市场行情，做到心中有数。养狐产品有一定发展规律，在产品市场最高峰时购种的饲养者能挣钱的占少数，在产品市场最低谷时发展养狐的却极少亏本，挣钱的占多数。

(二)加强对种狐群体的管理

狐场经济效益的高低，主要取决于种狐品种质量高低和饲养管理人员专业技术水平。种狐群的品种质量加上饲养管理等于生产力，所以养狐场必须加强对优良品种狐的培育工作，加强对狐群的饲养管理工作。根据产品结构和育种的需要，每年都要有计划地保留原有高产优质种狐群，注意种狐群的青壮年化，还要引进新品种，培育新品种，使狐场种狐以优质高产的壮年种狐群为主力，确保狐场的生产水平和经济效益高产、高效、稳定地向前发展。

(三)加强对饲料的管理

对养狐者来说，饲料是养狐的基础，北极狐生长发育、繁殖及产品质量全靠饲料的供应来维持，饲料质量的好坏，是影响狐场生产成败的大问题。

北极狐是偏肉食性毛皮动物，人们提供的各种饲料中只有满足其营养需要，它才能正常的新陈代谢、生长发育、繁殖后代及维持自身的生命活动。所以，要科学地、经济地制定北极狐各个生长期所需的营养标准，在饲料搭配和饲喂上要特别注意品质要新鲜，蛋白质、脂肪与碳水化合物三大营养物质的比例必须合理，品种要相对稳定，要有较好的适口性，饲料的供给量要科学合理，要特别注意各种维生素和微量元素的供给。

(四)狐场的日常生产管理

北极狐有它自己的特性和生活习性,在日常饲养管理中,只有摸清这些客观规律,并用科学的方法饲养管理,才能把它养好,不仅让它生长发育快,繁殖产量高,仔狐成活率高,种狐和商品狐毛皮质量好,而且还要降低饲养成本,增加狐场经济效益。要做到以上要求,必须制定相应生产管理方案,对每项工作周密组织安排,使大家都知道每个时期各项工作的目的、意义、方法、步骤、技术要求和注意事项,以及每个饲养管理人员的责任和报酬等,制定这些制度,就是日常生产中饲养管理工作。为了保证狐场生产任务的完成和狐群的健康生长,在日常生产中必须严格执行各项管理制度。

(五)加强对疾病的预防

饲养北极狐与饲养其他毛皮动物一样,难免一些狐发生各种疾病,这就要求狐场的饲养人员与管理人员在日常饲养管理工作中要细心观察狐群的生长发育情况,注意观察狐群的食欲、粪便、精神等方面的情况,如狐生病要及时发现及时治疗,防止相互传染蔓延,给狐场造成重大的经济损失。

最后是狐皮初加工问题。狐场生产的产品是狐皮,狐皮加工质量的好坏,也直接影响狐皮销售价格。在北极狐宰杀取皮过程中,出现问题也会使狐皮质量下降,少卖钱。因此,在对狐皮初加工过程中,一定要按照技术要求操作,保证狐皮原有质量不降低,这样在出售时才能卖上好价钱。

世上无难事,只要肯登攀。养狐者只要在日常生产管理中重视科技,重视品种,细心饲养,精心管理,在长期养狐实践中不断总结经验,吸取教训,你经营管理的养狐场一定能在养狐业立足不败之地,勇往直前地健康发展。

二、狐常用疫苗、药物

狐常用疫苗、药物见附表1，附表2。

附表1　狐常用疫苗

名　称	使用方法与剂量	保存条件
犬瘟热弱毒疫苗	皮下注射。每年2次，间隔6个月。仔狐断奶后2～3周接种。大、小狐均3毫升，芬兰狐4毫升	－15℃以下保存与运输，每瓶融化后24小时内用完
狐脑炎弱毒疫苗	皮下注射，每年2次，间隔6个月。仔狐断奶后2～3周接种。大、小狐均1毫升	－20℃以下保存与运输，每瓶融化后24小时内用完
病毒性胃肠炎灭活疫苗	皮下注射，每年2次，间隔6个月。仔狐断奶后2～3周接种。大、小狐均3毫升	0℃～4℃保存与运输，防冻。开瓶后24小时内用完
狐阴道加德纳氏菌灭活疫苗	皮下注射，每年2次，间隔6个月。大、小狐均1毫升	常温保存和运输，严防冻结
狐绿脓杆菌多价疫苗	肌内注射，每年1次，配种前15～20天母狐注射2毫升	同　上
狐巴氏杆菌多价灭活疫苗	肌内注射，每年2次，间隔6个月。仔狐断奶后2～3周接种。大、小狐均2毫升	同　上

附表2　狐常用药物

抗病毒类		
品　名	适应症	使用方法
病毒唑	辅助治疗病毒性感染	针剂：肌内、静脉注射。片(粉)剂：口服。100～200毫克/次，2次/日，幼狐减半
金刚烷胺	辅助治疗病毒性感染	口服：10～20毫克/千克体重/次，1～2次/日，幼狐减半

续附表 2

品　名	适应症	使用方法
病毒灵	辅助治疗病毒性感染	针剂：肌内注射。剂量，看产品说明书。片（粉）剂：口服，1片(0.1克)/次，2次/日，幼狐减半
甲磺酸达氟沙星	治疗犬瘟热、病毒性肺炎、传染性肝炎等	针剂：肌内注射。1～2毫升/次，1次/日，幼狐减半
艮他霉素	治疗由病毒引起的各种疾病	针剂：肌内注射。1～2毫升/次，1次/日，幼狐减半

抗生素类

品　名	适应症	使用方法
青毒素钾(钠)	肺炎、脑膜炎、外伤、尿路感染、感冒等	针剂：成年狐40万～80万单位/次，2次/日，幼狐减半
链霉素	肺炎、结核、布氏杆菌病、钩端螺旋体病等	针剂：20万～30万单位/次，2次/日，幼狐减半
阿莫西林	呼吸道、尿路细菌感染，钩端螺旋体感染等	片(胶囊)剂：口服，1～2片/次，2次/日，幼狐减半
庆大霉素	肺炎、肠炎、化脓性子宫内膜炎、外伤感染等	针剂：肌内、静脉注射1毫升。片剂：口服，4万～8万单位/次，2次/日
卡那霉素	腹泻、子宫内膜炎、支原体肺炎、外伤感染等	针剂：肌内、静脉注射1毫升。片剂：口服，25～50毫克/次，2次/日
氟苯尼考	阴道真菌感染、肠道菌感染、结膜炎、脑膜炎等	针剂：肌内、静脉注射1毫升。片剂：口服，0.25克/次，2次/日
林可霉素	腹泻、子宫内膜炎、支原体肺炎、外伤感染等	针剂：肌内注射1毫升。2毫升/次，1次/日，幼狐减半

续附表 2

品名	适应症	使用方法
土霉素	附红细胞体感染，肠管菌感染	片剂：口服。0.25～0.5克/次，2次/日，幼狐减半
四环素	病菌、附红细胞体感染，支原体性肺炎等	针剂：静脉注射。片剂：口服，0.25～0.5克/次，2次/日
磺胺嘧啶	细菌感染，脑炎，肺炎等	针剂：静脉注射。片剂：口服，1克/次，2次/日。首次量加倍，幼狐减半
复方新诺明	呼吸道、消化道、尿路感染，化脓性感染等	片剂：1片/次，2次/日。首次量加倍，幼狐减半
磺胺脒	肠炎、细菌性痢疾等	片剂：口服。1～2克/次，2次/日
痢特灵	肠炎、菌痢等	片剂：口服。1片(0.1克)/次，2～3次/日，幼狐减半
氟哌酸	肠炎、化脓性子宫内膜炎、尿路感染等病菌感染	针剂：静脉注射。片剂：口服。100毫克/次，2次/日，10毫克/千克体重，幼狐减半
环丙沙星	呼吸道，消化道，尿路感染等	针剂：静脉注射。片剂：口服，10毫克/次，2次/日，2.5毫克/千克体重
恩诺沙星	病菌感染	针剂：肌内注射。片(粉)剂口服。2.5～5毫克/次，2次/日，2.5毫克/千克体重
穿心莲	肠炎，菌痢等	针剂：肌内、静脉注射0.1～0.25毫克/次，2次/日
黄连素	肠炎，菌痢等	片剂：口服。1片，2次/日
灰黄霉素	真菌感染	片剂：口服，0.2～0.25克/次，2次/日，幼狐减半
制霉菌素	曲霉菌等真菌感染	片剂：口服，50万单位/次，2次/日。软膏外用，局部涂擦

续附表 2

驱虫类		
品　名	适应症	使用方法
驱蛔灵	肠管蛔虫	片剂:口服,1克/次,2次/日
左旋咪唑	肠管蛔虫	片剂:25～50毫克/次,1次/日,10毫克/千克体重
阿维菌素(虫克星)	肠管蛔虫、疥螨等。体内外寄生虫	针剂:皮下注射0.02毫升/千克体重,1次/日,间隔7日第二次注射

镇静剂		
品　名	适应症	使用方法
氯丙嗪(冬眠灵)	各种神经症状;自咬症、呕吐、中暑等	针剂:肌内注射。片剂:口服。25～50毫克/次,1次/日
戊巴比妥钠	各种神经症状	口服,0.35～0.52克/次,1次/日
苯巴比妥	各种神经症状	口服:4月龄前0.02～0.1克/次,成年狐0.2克/次

产科药		
品　名	适应症	使用方法
垂体后叶素	催产、子宫内膜炎、胎衣不下等	针剂:肌内注射,0.6～0.8毫升/次
催产素	催产、子宫收缩无力等	针剂:1.25～2.5单位/次
黄体酮	保胎	0.3～0.5毫升/次

解热止痛药		
品　名	适应症	使用方法
安基比林	解热、止痛、感冒等	口服0.2～0.3克/次
安乃近	镇痛、镇静、解热、感冒等	肌内注射0.25～1克/次

续附表 2

收敛药		
品　名	适应症	使用方法
次硝酸铋	收敛、止泻、保护肠黏膜等	口服,0.5～1.0克/次
鞣酸蛋白	收敛、止泻、保护肠黏膜等	口服,0.5～1克/次
健胃药		
品　名	适应症	使用方法
人工盐	食欲不振、便干等	口服,0.5克/次
龙胆末	食欲不振等	口服,0.5～1克/次
大黄末	食欲不振、便干等	口服,0.2～0.5克/次
消导与缓泻药		
品　名	适应症	使用方法
胃蛋白酶	日粮中蛋白质含量过高,消化不良等	口服,0.5～1克/次
多酶片	消化不良等	口服,1～2片/次
硫酸钠	便秘、便干等	口服,5～8克/次
硫酸镁	便干、便秘等	口服,5～8克/次
蓖麻油	便干、便秘等	口服,10～20毫升/次
番泻叶	便干、便秘等	口服,2～4克/次
维生素		
品　名	适应症	使用方法
骨化醇胶性钙	骨软症、佝偻病等,母狐哺乳后期瘫痪	针剂:肌内注射,2毫升/次,1次/日

续附表 2

品　名	适应症	使用方法
维生素 D	骨软症、佝偻病等	针剂：肌内注射，1 毫升/次。片剂：口服，1 片/次。1 次/日
维生素 E	维生素 E 缺乏症、习惯性流产、黄脂病等	针剂：肌内注射，1 毫升/次。片剂：口服，10 毫克/次，2 次/日
维生素 K	出血性素质、消化道出血及其他出血症等	针剂：肌内注射，1 毫升/次。片剂：口服，2～4 毫克/次，1 次/日
维生素 B_1	食欲不振、消化不良等维生素 B_1 缺乏症	针剂：肌内注射，1 毫升/次。片剂：口服，5～10 毫克/次，2 次/日
维生素 B_2	脂溢性皮炎、脚皮炎等	针剂：肌内注射，1 毫升/次。片剂：口服，5～10 毫克/次，2 次/日
维生素 C	红爪病，各种病原体感染、中毒性疾病辅助治疗等	针剂：肌内注射，1 毫升/次。片剂：口服，0.1～0.2 克/次，2 次/日

消毒药

品　名	常用浓度	使 用 方 法	备　注
烧　碱	1%～2%	除了金属笼具以外，均可用其 3%～5%的热水溶液进行消毒，如果再加入 5%的食盐，可增加对病毒和炭疽芽孢的杀伤力	消毒后数小时清水冲洗
漂白粉	10%～20%	水源、墙壁、地面、垃圾、粪便的消毒	现用现配
草木灰	30%	水源、墙壁、地面、垃圾、粪便的消毒	热的最好
煤酚皂溶液	3%～5%	对地面、排泄物、器械及手的消毒；对结核杆菌杀伤力强，但对病毒和真菌消毒效果不佳	狐可能对此药敏感，慎用

续附表 2

品　名	常用浓度	使用方法	备　注
生石灰	10%～20%	干粉用于通道口的消毒，乳剂用于地面、垃圾的消毒，浓度为 20%	现用现配

其　他

品　名	适应症	使用方法
止血敏	各种出血症	针剂：口服或肌内注射。片剂：0.5～1 克/次，2 次/日
肠胃舒	原发性胃扩张。对肠扭转、肠套叠继发者无效	针剂：肌内注射，2 毫升/次，2 次/日
速效催乳剂	产后缺乳。对乳房炎引起缺乳无效	针剂：肌内注射，100 微克/次。效果不显再注 1 次
卵泡刺激素(FSH)	催情。不发情	针剂：肌内注射，20～50 单位，每日或隔日 1 次，3～4 次
绒毛膜促性腺激素(HCA)	促进卵泡发育、排卵	针剂：肌内注射，200～250 国际单位/次
孕马血清(妊 40～90 天)	催情、排卵。用后 2～5 天见效	针剂：肌内注射，5～10 毫升/次，连或隔日 1 次。连用 3 次
孕马血清促情激素(PMSG)	促卵熟、排卵	针剂：皮下、静脉注射，100～500 国际单位/次，1 次/日，连用 3～5 天
前列腺素 Fa	(PGFa)卵巢功能减退	针剂：肌内注射，0.25～0.3 毫克/次、日，连用 2 天

注：1. 抗生素使用前，要做药敏试验，首选有效药物

2. 同类药品，由于生产厂家不同，药品的名称也不一样，买药时一定要先看药品说明书介绍的主要成分

3. 用药前，最好先请兽医师讲明所发病的原因、病情及应用什么药，在兽医师指导下购药，以免造成不必要的损失

主要参考文献

1 马文忠等主编．毛皮动物饲养法．哈尔滨:黑龙江省出版局,1984

2 关中湘,王树志,陈启仁编著．毛皮动物疾病学．北京:中国农业出版社,1982

3 马文忠,金爱莲编著．养貉．北京:农村读物出版社,1986

4 韩俊彦编著．养貉问答．沈阳:辽宁科学技术出版社,1989

5 白庆余,张春华,王立屏主编．实用经济动物养殖学．长春:吉林科学技术出版社,1992

6 朴厚坤,王树志编著．实用养狐技术．北京:中国农业出版社,1994

7 杨志强,赵朝忠,杨锐乐编著．畜禽药物指南．北京:中国农业出版社,2001

书名	定价
肉鸡肉鸭肉鹅快速饲养法	5.50元
肉鸡肉鸭肉鹅高效益饲养技术	7.00元
鸡鸭鹅病诊断与防治原色图谱	16.00元
鸭病防治(第二次修订版)	7.00元
鸭瘟 小鹅瘟 番鸭细小病毒病及其防制	3.50元
家庭科学养鸡	11.00元
肉鸡高效益饲养技术(修订版)	12.00元
肉鸡无公害高效养殖	10.00元
优质黄羽肉鸡养殖技术	9.50元
怎样养好肉鸡	4.50元
怎样提高养肉鸡效益	10.00元
肉鸡标准化生产技术	8.50元
怎样提高养蛋鸡效益	8.00元
蛋鸡高效益饲养技术	5.80元
蛋鸡标准化生产技术	7.50元
蛋鸡饲养技术	3.00元
蛋鸡饲养技术(修订版)	3.50元
蛋鸡蛋鸭高产饲养法	7.00元
555天养鸡新法(第二版)	3.50元
鸡高效养殖教材	5.00元
药用乌鸡饲养技术	3.50元
鸡饲料配方500例(第二版)	5.40元
怎样配鸡饲料	3.00元
鸡病防治(修订版)	7.50元
鸡病诊治150问	10.00元
养鸡场鸡病防治技术(第二次修订版)	9.50元
科学养鸡指南	28.00元
蛋鸡高效益饲养技术(修订版)	8.00元
鸡饲料科学配制与应用	8.00元
节粮型蛋鸡饲养管理技术	6.00元
蛋鸡良种引种指导	10.50元
肉鸡良种引种指导	13.00元
土杂鸡养殖技术	8.00元
果园林地生态养鸡技术	5.00元
鸡马立克氏病及其防制	4.50元
新城疫及其防制	6.00元
鸡传染性法氏囊病及其防制	3.50元
鸡产蛋下降综合征及其防治	3.50元
怎样养好鸭和鹅	5.00元
科学养鸭	6.00元
肉鸭高效益饲养技术	8.00元
北京鸭选育与养殖技术	7.00元
骡鸭饲养技术	9.00元
鸭病防治(修订版)	6.50元
稻田围栏养鸭	6.50元
科学养鹅	3.80元
高效养鹅及鹅病防治	6.00元